专业技术人员理论素养与实践能力培训系列教材

专业技术人员
内生动力与职业水平

ZHUANYEJISHU RENYUAN
NEISHENGDONGLI YU ZHIYESHUIPING

李晓慧◎编著

中国言实出版社

图书在版编目（CIP）数据

专业技术人员内生动力与职业水平 / 李晓慧编著.
—北京：中国言实出版社，2017.7
ISBN 978-7-5171-2484-9

Ⅰ．①专… Ⅱ．①李… Ⅲ．①专业技术人员－职业－
发展－研究 Ⅳ．①G316

中国版本图书馆 CIP 数据核字（2017）第 175846 号

责任编辑：胡　明
封面设计：杨　光

出版发行　中国言实出版社
　　　　　　地　　址：北京市朝阳区北苑路 180 号加利大厦 5 号楼 105 室
　　　　　　邮　　编：100101
　　　　　　编辑部：北京市海淀区北太平庄路甲 1 号
　　　　　　邮　　编：100088
　　　　　　电　　话：64924853（总编室）　64924716（发行部）
　　　　　　网　　址：www.zgyscbs.cn
　　　　　　E-mail：zgyscbs@263.net
经　　销　新华书店
印　　刷　三河市众誉天成印务有限公司
版　　次　2018 年 1 月第 1 版　　　2018 年 1 月第 1 次印刷
规　　格　710 毫米×1000 毫米　　1/16　　11 印张
字　　数　150 千字
定　　价　30.00 元　　　　ISBN 978-7-5171-2484-9

前　言

专业技术人员是指受过专门教育和职业培训,掌握某一领域的专业知识和技术的人才。专业技术人员以传播、应用和创造科技文化知识为职业,通常具有较高的文化水平,具备专业的知识与专门的技术,具有自主创新能力,对社会生产力的发展和社会进步发挥着不可替代的推动作用。

专业技术人员的内生动力是指专业技术人员对于专业技术岗位工作的认可并为之努力工作、尽心尽力、创新奉献,充分发挥主观能动性的内在动力。专业技术人员的内生动力是专业技术人员增长知识,创新进取,不断提升职业水平,实现自我发展的自觉意志和精神追求。专业技术人员的内生动力源于自我发展、自我完善、自我实现、自我超越、自主创新的心理需求和内在力量,是专业技术人员基于对职业环境和职业的远景价值目标的强烈认同而产生的积极主动、自觉执着追求目标价值的原发动力,是推动专业技术人员积极工作、不断进取的核心因素。从本质上讲,专业技术人员内生动力是专业技术人员在社会角色和职业身份认同下的主观能动性,是一种内在的动机,只有内化为一种内在意识才能驱动专业技术人员的行为。专业技术人员只有具备内生动力,才能始终保持前进的正确方向,及时地掌握最新的科学文化知识,从而不断丰富、提高和完善自己,不断提高创新能力。

专业技术人员能够在工作中发挥不可替代的作用,能够在职业生涯中不断学习与进步,根本原因是专业技术人员的职业理想与自身能力素质之间的矛盾所产生的内生动力。专业技术人员内生动力所产生的动机中包含着自觉、积极、主动和创新的特性,这种矛盾驱使专业技术人员根据自身的能力素质和自身的需求有目的、有计划地规划和支配自己职业活动,以满足自己的需求,获得自身的发展。

在一定条件下,外因可激发专业技术人员内生动力。因此,在专业技术人员职业发展的过程中,政府部门和社会组织要积极营造良好环境和氛围,不断激发专业技术人员的内生动力。

当今社会是变革的时代,充满激烈的竞争。变革带来的紧迫感要求专业技术人员必须积极调动内生动力、不断提高素质以应对竞争的挑战。本书系统介绍了专业技术人员内生动力的培养、积蓄、持续、激发,专业技术人员集聚内生动力的社会氛围和制度环境的营造,以及专业技术人员内生动力与职业水平提升的相互关系,能够帮助专业技术人员调动内生动力,增强职业意识和身份认同感,让专业技术人员内心深处自然生发出忠于职守的工作态度和蓬勃进取的工作激情,不断提升职业水平,将自身潜能充分发挥出来,更好地适应现代社会的要求。

编　者

目 录
CONTENTS

第七章　专业技术人员内生动力与职业发展

第一章　内生动力的内涵和相关概念解析

第一节　内生动力的含义和分类

一、内生动力的含义

内生动力又称"内驱力"。内驱力（drive）一词源于动力学领域，1918年，美国心理学家伍德沃斯在《动力心理学》一书中运用了内驱力概念。此后，这一概念一直为心理学家们所广泛使用。心理学词典对内驱力的解释是："指由内部或外部刺激唤起的并能指向某种目标的有机体的内部状态。"简言之，内驱力就是驱使有机体去从事某项活动的内在动力。

内驱力具有内隐性和持久性。内隐性指内生动力这种动力是内在于人的自身的，并不能直接地表现于外部，而是通过人的行动所体现的。持久性即指内生动力一旦生成就很难消退，因为它是个体自身积极认同的，且渗透着个人情感，而不是由外部作用强制而成的。

二、内生动力与相关概念的区分

（一）内驱力与本能

本能是对某一特殊刺激以某种模式化的或恒定的方式做出反应的先天能力——这种反应模式通常是复杂的行为，比简单的反射，如膝跳反射，要复杂得多。然而，像简单的反射一样，具有中枢神经系统的动物的本能也包括刺激、中枢兴奋以及由此而引起的运动反应几个部分。而

— 1 —

我们称之为人类内驱力的,并不包括运动反应,仅存在对刺激做出反应时的中枢兴奋状态。这种兴奋状态之后的运动活动,是由心理的一个高度分化的部分,即精神分析术语中的"自我"所中介的。因此,组成内驱力兴奋状态的反应(或本能的紧张)就可以受到经验和反射的矫正,而不是像低等动物中的本能那样,以一种前定的方式进行反应。

(二)内驱力与需要

内驱力是在需要的基础上产生的一种内部唤醒状态或紧张状态,表现为推动有机体活动以达到满足需要的内部动力。这是一种内部刺激,与内稳态及需要有密切关系,例如,动物必须保持机体内部环境的相对稳定才能维持生命,细胞内外水的渗透压应当平衡,血液中的糖分和其他营养物质以及各种激素都要保持一定的水平,等等。这种机体内部相对稳定的状态称作内稳态。若内稳态遭到破坏,如营养物质不足,就会产生求食的需求,驱动求食行为,以恢复内稳态。随着摄食需求得到满足,内驱力降低,摄食行为也就停止了。也就是说,有机体会产生各种需求,如果这些需求得不到满足,有机体的内部便会产生所谓的内驱力刺激;这种刺激会引发有机体的相关反应,最终使需求得到满足。支配这种行为倾向并有方向性地、持续地驱动有机体产生行为的内部力量也就是内驱力。

相关链接

内稳态机制

内稳态机制,即生物控制自身的体内环境使其保持相对稳定,是进化发展过程中形成的一种更进步的机制,它或多或少能够减少生物对外界条件的依赖性。具有内稳态机制的生物借助于内环境的稳定而相对独立于外界条件,大大提高了生物对生态因子的耐受范围。

　　内驱力不仅限于生理需求产生的紧张状态,也是心理上的。根据心理学分析,个体产生内驱力包括生理内驱力和心理内驱力两个方面。生理内驱力,如饥渴、休息、睡眠、性欲等可称为第一级水平的内驱力。心理内驱力也称社会的内驱力,如从属、爱情、认可、独立、自我实现等,亦可称为第二级水平的内驱力。个体的内驱力能引起有机体活动的激活状态。由饥饿等生理需求而产生的内驱力称为第一内驱力,又称基本的、原始的或低级的内驱力;由责任感等后天形成的社会性需求所产生的内驱力称为第二内驱力,又称社会的或高级的内驱力。通常来讲,高级内驱力对低级内驱力起调节作用。例如:有的人虽然很讨厌自己的工作但还是能坚持每天去上班。因为上班挣来的钱可以用来吃饭、租房,满足他生存的需要。这是第一内驱力在起作用。当他工作了一段时间,存了一笔钱,并且这笔钱能够满足他生存的需要时,他可能就会想着换一份自己喜欢的工作,或者开始进修学习。这是第二内驱力在起作用。这就是高级内驱力在对低级内驱力起调节作用。

　　有观点认为,内驱力与需要基本上是同义词,经常可以替换使用。但严格来讲,需要是主体的感受,而内驱力是作用于行为的一种动力,两者不是同一状态,但两者又密切相连,因为需要是产生内驱力的基础,而内驱力是需要寻求满足的条件。

　　(三)内驱力与诱因

　　诱因是驱使有机体产生一定行为的外部因素。与它相对应的概念是内驱力。内驱力和诱因都是形成动机的因素。存在于机体内部的动机因素是内驱力,存在于机体外部的动机因素是诱因。满足有机体需要的诱因是后天通过个体经验而逐步形成的。例如,同样的摄食需要,有的人会去吃米饭,有的人会去吃面点;同样为满足自尊的需要,有的学生通过取得很好的学习成绩来获得同学的尊重,有的学生则通过讲究穿戴来吸引同学的注意。当有机体在个体活动中把自己的各种需要与能满足其需要的物体、情境联系在一起,这些物体就成为行为的目标。诱因和目标基本上是同义的。

动机由内驱力和诱因两个基本因素构成。内驱力是个体内部推动行为的力量。诱因是行为目标对行为者的刺激。内驱力是动机中"推"的力量;诱因是动机中"拉"的力量。人的动机行为正是在这一推一拉中实现的。

（四）内驱力与动机

动机,在心理学上一般被认为涉及行为的发端、方向、强度和持续性。动机为名词,在作为动词时则多称作"激励"。在组织行为学中,动机主要是指激发人的动机的心理过程。通过激发和鼓励,使人们产生内驱力,使之朝着所期望的目标前进的过程。

内驱力存在于机体内部,诱因存在于机体的外部。内驱力和诱因相互作用而产生行为的全部过程称作动机作用。

三、内生动力分类

从形态学角度分析,内驱力由认知的内驱力、自我提高的内驱力和附属的内驱力三方面组成。美国心理学家奥苏伯尔认为,认知的内驱力最为重要,也最稳固,它把获得知识、追求成功本身作为一种目的。自我提高的内驱力是个人取得与他人的成就或能力水平相当的应得地位的需要。附属的内驱力则是出于获得他人认可和赞许的需要。三种不同内驱力成分所占的比例依个体的年龄、性别、文化、社会阶级、人格结构等因素的不同而各异。奥苏伯尔关于对个体学习内驱力的论述,对我们认识专业技术人员内生动力很有启迪意义。在一定的条件下,人们的任何实践活动的有效性都取决于他的动力、能力和精力。其中动力是积极行为的关键,如果缺乏动力,能力再强亦枉然,有精力也不会投入,即使有行动,也是为了应付。如果动力强劲,能力可以通过学习和锻炼逐步提高,精力可以积聚,毅力可以增强。有研究表明,"人们在一种或多种内驱力的基础上行动,往往可在事业上非常成功"。

（一）认知内驱力

认知内驱力是一种要求了解和理解周围事物的需要，要求掌握知识的需要，以及系统地阐述问题和解决问题的需要。在学习活动中，认知内驱力指向学习任务本身（为了获得知识），是一种重要的和稳定的动机。由于需要的满足（知识的获得）是由学习本身提供的，因而也称为内部动机。

认知内驱力是成就动机三个组成部分中最重要、最稳定的部分，它大都存在于学习任务本身之中。认知内驱力是意义学习中最重要的一种动机。它发端于好奇的倾向，以及探究、操作、理解和应付环境的心理倾向。这里需要指出的是，这些心理倾向最初都是潜在的动机因素，它们本身既无内容也无方向。这些潜在的动机因素之所以变为实际的动机因素，一方面是成功学习的结果，学习者预期到未来的学习可能会得到满意的结果；另一方面是家庭和社会中有关人士影响的结果。例如在美国，社会文化是以功利、竞争和成就为定向的，这些动机来源对学习的影响越来越大。由此可见，作为内部动机的认知内驱力的活力，因这些外部动机而削弱了。因此，奥苏伯尔提出，如果要形成认知内驱力，使它成为学习的动机，我们必须重视认知和理解的价值，并以此为目的，而不应把实利作为首要目标。奥苏伯尔认为，动机变量对认知学习和记忆过程的影响与认知变量的影响有所不同。动机变量一般不直接涉及认知学习的过程。它们是以增强努力、注意和学习准备等为中介来影响认知过程的。实验结果表明，对成就要求较高的人，在学习时更有毅力，学习更富有成效，而且在问题解决过程中比成就要求较低的人更渴望得到解决办法。

相关链接

成就动机

成就动机,是个体追求自认为重要的有价值的工作,并使之达到完美状态的动机,即一种以高标准要求自己力求取得活动成功为目标的动机。美国社会心理学家麦克利兰认为,各人的成就动机都是不相同的,每一个人都处在一个相对稳定的成就动机水平。心理学家阿特金森认为,人在竞争时会产生两种心理倾向:追求成就的动机和回避失败的动机。

(二)自我提高内驱力

自我提高的内驱力是一种通过自身努力,胜任一定的工作,取得一定的成就,从而赢得一定的社会地位的需要。它与认知内驱力的区别在于:认知内驱力的指向是知识内容本身,以获得知识和理解事物为满足;自我提高的内驱力指向的是一定的社会地位,以赢得一定的地位为满足。由于在社会中,一定的成就总能够赢得一定的地位,成就的大小决定着他所赢得的地位的高低。所以,取得成就成了赢得地位的前提。又因为成就的取得与能力水平是相称的。这样,对地位的追求就导致了成就的取得和能力的提高,成为自我提高的内驱力。由此看来,对地位的追求是动机的直接目标;成就的获得和能力的提高是间接的目标。显然,自我提高的内驱力是一种外部动机。

自我提高的内驱力是成就动机的第二个组成部分。它可以促使个体把学习的目标指向将来要从事的理想职业或学术上的成就,以便赢得一定的社会地位。在学习期间,自我提高的成就动机可以促使个体去追求优秀的学习成绩或较高的排列名次。总之,自我提高的学习动机会使人变得更加努力,让人努力地提高自己的能力,努力地获得好的学习成绩,在同伴中赢得优越的地位。显然,自我提高的学习动机是激发个体努力学习的重要动力源泉。

同认知的内驱力相比,自我提高的内驱力虽然属于外部的、间接的学习动机,但它的作用时间往往比认知的内驱力还要长久。认知的内驱力往往随着学习内容的变化而发生变化。当学习的内容不能激发个体的认知兴趣,认知内驱力就要下降或转移方向。所以,认知的内驱力对于大多数人或大多数学科来说,很难起到持久的激励作用。而自我提高的内驱力一旦指向远大的理想或与长期的奋斗目标结合起来,就会成为鞭策一个人努力学习、持续奋斗的长久力量。

需要注意的是,过分强调自我提高的内驱力的作用,会助长个体的功利主义倾向,容易让人把学习看成是追求功名和利益的手段,而降低对学习任务本身的兴趣。因此,培养和激发自我提高的内驱力一定要与培养和激发认知内驱力结合起来,使内部动机和外部动机都发挥应有的促进学习的作用。

（三）附属内驱力

附属的内驱力是指个体为了保持上级、长者或权威的赞许或认可,而表现出来的一种把学习或工作做好的需要。附属的内驱力与自我提高的内驱力有明显的不同。不同之处主要在于:一是两者追求的目的不同。自我提高的内驱力追求的是赢得一定的社会地位;附属的内驱力追求的是上级、长者或权威人物的认可。二是自我提高的内驱力以自我能力的提高和学业成就的提高为中介,以展示自己的能力和才干,得到公众的认可为满足;而附属的内驱力以满足或达到上级、长者或权威的要求为中介,以得到长者或权威人物的认可和赞许为满足。三是自我提高的内驱力所对应的奋斗目标是在客观社会的影响下内化而成的个人确立的目标;而附属的内驱力所对应的奋斗目标则是由长者或权威人物给确定的。四是个体在附属的内驱力的促使下,从上级、长者或权威人物的认可和赞许中也会获得一种派生的地位。但这种地位与自我提高的内驱力所赢得的一定的社会地位不同。这种派生的地位不是由个体本人的能力或成就水平决定的,而是从他追随和依附的上级、长者或权威人物所给予的赞许中引申出来的。

上述三种不同成分的内驱力每个人都可能具有,但三种成分所占的不同比例,则依年龄、性别、文化、社会地位和人格特征等因素而定。在童年时期,附属内驱力是获得良好学业成绩的主要动机;童年晚期和少年期,附属内驱力降低,而且从追求家长认可转向同龄伙伴的认可;到了青年期和成年期,自我提高内驱力则逐渐成为动机的主要成分。

第二节 内生动力产生的必要条件

内生动力产生的基础是需求,需求是内生动力产生的必要条件。

需求是有机体内部的某种缺乏或不平衡状态,它表现出有机体的生存和发展对于客观条件的依赖性。当人需要某种东西时,便把缺少的东西视为必需的东西。人既是生物有机体又是社会成员。为了个体和社会的生存和发展,人对于外部环境必定有一定的需求。例如,食物、衣服、婚配、育幼等,是维持个体生存和延续种族发展所必需的;从事劳动,在劳动中结成不同的社会关系,人们之间的交往活动等是维持人类社会生存和发展所必需的。这种客观的必要性反映在人的头脑中并引起他内部的某种缺乏或不平衡状态时就会产生某种需求。

需求是有机体活动的积极性源泉,是内生动力产生的基础。人的各种活动,从饮食男女、学习劳动,到创造发明,都是在需求推动下进行的。需求激发人的内生动力,内生动力促使人去行动,使人朝着一定的方向,追求一定的对象,以求得自身的满足。需求越强烈、越迫切,由它所引起的内生动力就越强烈。内生动力的产生,可以从以下几种需求理论包含的需求要素中寻找。

一、关于马斯洛层次需求理论中的需要因素

马斯洛(A. H. Maslow,1908—1970)是美国的比较心理学家和社会心理学家,人本主义心理学的创始人之一。他于1954年提出需要层

次理论,之后又不断地加以发展,形成了颇有影响的需要理论。在马斯洛看来,人类价值体系存在两类不同的需要:一类是沿生物谱系上升方向逐渐变弱的本能或冲动,称为低级需要和生理需要;一类是随生物进化而逐渐显现的潜能或需要,称为高级需要。从低级需要到高级需要,马斯洛理论把需要分成生理需要、安全需要、感情需要、尊重需要和自我实现需要五类。

每个人身上都潜藏着这五种不同层次的需要,但在不同的时期表现出来的各种需要的迫切程度是不同的。人的最迫切的需要才是激励人行动的主要原因和动力。低层次的需要基本得到满足以后,它的激励作用就会降低,其优势地位将不再保持下去,高层次的需要会取代它成为推动行为的主要原因。有的需要一经满足,便不能成为激发人们行为的起因,于是被其他需要取而代之。高层次的需要比低层次的需要具有更大的价值。热情是由高层次的需要激发。人的最高需要即自我实现需要,就是以最有效和最完整的方式表现自己的潜力,惟此才能使人得到高峰体验。

相关链接

对需求层次理论的评价

马斯洛的需求层次理论,在一定程度上反映了人类行为和心理活动的共同规律。马斯洛从人的需要出发探索人的激励和研究人的行为,抓住了问题的关键;马斯洛指出了人的需要是由低级向高级不断发展的,这一趋势基本上符合需要发展规律。因此,需要层次理论对企业管理者如何有效地调动人的积极性有启发作用。但是,马斯洛是离开社会条件、离开人的历史发展以及人的社会实践来考察人的需要及其结构的。其理论基础是存在主义的人本主义学说,即人的本质是超越社会历史的,抽象的"自然人",由此得出的一些观点就难以普遍适用。

(一)生理的需要

生理需要是人类维持自身生存的最基本要求,包括饥、渴、衣、住、性的方面的要求。如果这些需要得不到满足,人类的生存就成了问题。在这个意义上说,生理需要是推动人们行动的最强大的动力。马斯洛认为,只有这些最基本的需要满足到维持生存所必需的程度后,其他的需要才能成为新的激励因素,而到了此时,这些已相对满足的需要也就不再成为激励因素了。

(二)安全的需要

安全需要是人类要求保障自身安全、摆脱事业和丧失财产威胁、避免职业病的侵袭、接触严酷的监督等方面的需要。马斯洛认为,整个有机体是一个追求安全的机制,人的感受器官、效应器官、智能和其他能量主要是寻求安全的工具,甚至可以把科学和人生观都看成是满足安全需要的一部分。当然,当这种需要一旦相对满足后,也就不再成为激励因素了。

(三)感情的需要

这一层次的需要包括两个方面的内容。一是友爱的需要,即人人都需要伙伴之间、同事之间的关系融洽或保持友谊和忠诚;人人都希望得到爱情,希望爱别人,也渴望接受别人的爱。二是归属的需要,即人都有一种归属于一个群体的感情,希望成为群体中的一员,并相互关心和照顾。感情上的需要比

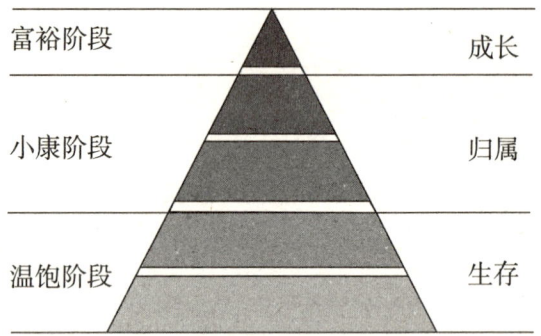

马斯洛层次需求理论

生理上的需要更细致,它与一个人的生理特性、经历、教育、宗教信仰都有关系。

(四)尊重的需要

人人都希望自己有稳定的社会地位,要求个人的能力和成就得到社会的承认。尊重的需要又可分为内部尊重和外部尊重。内部尊重是指

一个人希望在各种不同情境中有实力、能胜任、充满信心、能独立自主。总之，内部尊重就是人的自尊。外部尊重是指一个人希望有地位、有威信，受到别人的尊重、信赖和高度评价。马斯洛认为，尊重的需要得到满足，能使人对自己充满信心，对社会满腔热情，体验到自己活着的用处和价值。

（五）自我实现的需要

自我实现的需要是最高层次的需要，它是指实现个人理想、抱负，发挥个人的能力到最大程度，完成与自己的能力相称的一切事情的需要。也就是说，人必须干称职的工作，这样才会感受到最大的快乐。马斯洛提出，每个人为满足自我实现需要所采取的途径是因人而异的。自我实现的需要是在努力挖掘自己的潜力，使自己逐渐成为自己所期望的人物。

马斯洛提出人的需要有一个从低级向高级发展的过程，这在某种程度上符合人类需要发展的一般规律。一个人从出生到成年，其需要的发展过程，基本上是按照马斯洛提出的需要层次进行的。当然，关于自我实现是否能作为每个人的最高需要，目前尚有争议，但他提出的需要是由低级向高级发展的趋势是无可置疑的。

二、奥尔德弗 ERG 需要理论中的需求要素

ERG 需要理论是美国耶鲁大学的克雷顿·奥尔德弗（Clayton. Alderfer）在马斯洛提出的需要层次理论的基础上提出的一种新的人本主义需要理论。

奥尔德弗认为，人们共存在三种核心的需要，即生存（Existence）的需要、相互关系（Relatedness）的需要和成长发展（Growth）的需要，因而这一理论被称为"ERG"理论。生存的需要与人们基本的物质生存需要有关，它包括马斯洛提出的生理和安全需要。第二种需要是相互关系的需要，即指人们对于保持重要的人际关系的需求。这种社会和地位的需

要的满足是在与其他需要相互作用中达成的,它们与马斯洛的社会需要和自尊需要分类中的外在部分是相对应的。最后,奥尔德弗把成长发展的需要独立出来,它表示个人谋求发展的内在愿望,包括马斯洛的自尊需要分类中的内在部分和自我实现层次中所包含的特征。

除了用三种需要替代了五种需要以外,与马斯洛的需要层次理论不同的是,奥尔德弗的 ERG 理论还表明:人在同一时间可能有不止一种需要在起作用;如果较高层次需要的满足受到抑制的话,那么人们对较低层次的需要的渴望会变得更加强烈。

马斯洛的需要层次是一种刚性的阶梯式上升结构,即认为较低层次的需要必须在较高层次的需要满足之前得到充分的满足,二者具有不可逆性。而相反的是,ERG 理论并不认为各类需要层次是刚性结构,比如说,即使一个人的生存和相互关系需要尚未得到完全满足,他仍然可以为成长发展的需要工作,而且这三种需要可以同时起作用。

此外,ERG 理论还提出了一种叫做"受挫——回归"的思想。马斯洛认为当一个人的某一层次需要尚未得到满足时,他可能会停留在这一需要层次上,直到获得满足为止。相反地,ERG 理论则认为,当一个人在某一更高等级的需要层次受挫时,那么作为替代,他的某一较低层次的需要可能会有所增加。例如,如果一个人社会交往需要得不到满足,可能会增强他对得到更多金钱或更好的工作条件的愿望。与马斯洛需要层次理论相类似的是,ERG 理论认为较低层次的需要满足之后,会引发出对更高层次需要的愿望。不同于需要层次理论的是,ERG 理论认为多种需要可以同时作为激励因素而起作用,并且当满足较高层次需要的企图受挫时,会导致人们向较低层次需要的回归。

ERG 理论并不强调需要层次的顺序,认为某种需要在一定时间内对行为起作用,而当这种需要得到满足后,可能去追求更高层次的需要,也可能没有这种上升趋势。ERG 理论还认为,某种需要在得到基本满足后,其强烈程度不仅不会减弱,还可能会增强。

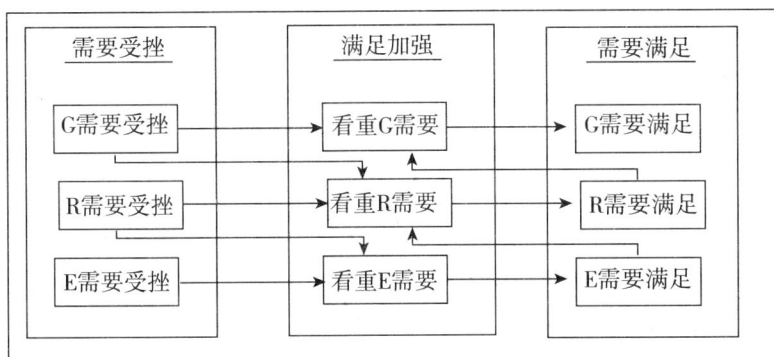

需要受挫　　　　　满足加强　　　　　需要满足

G需要受挫　→　看重G需要　→　G需要满足

R需要受挫　→　看重R需要　→　R需要满足

E需要受挫　→　看重E需要　→　E需要满足

ERG 需要理论

三、麦克利兰成就动机理论

20 世纪 50 年代,美国哈佛大学教授戴维·麦克利兰(David·C·Mc-Clelland)通过对人的需求和动机进行研究,把人的高层次需求归纳为对成就、权力和亲和的需求。他对这三种需求,特别是成就需求做了深入的研究。

（一）成就需求

成就需求,就是争取成功、希望做得最好的需求。麦克利兰认为,具有强烈的成就需求的人渴望将事情做得更为完美,提高工作效率,获得更大的成功,他们追求的是在争取成功的过程中克服困难、解决难题、努力奋斗的乐趣,以及成功之后的个人的成就感,他们并不看重成功所带来的物质奖励。个体的成就需求与他们所处的经济、文化、社会、政府的发展程度有关,社会风气也制约着人们的成就需求。

麦克利兰发现高成就需求者有三个主要特点:一是喜欢设立具有适度挑战性的目标,不喜欢凭运气获得的成功,不喜欢接受那些在他们看来特别容易或特别困难的工作任务。他们不满足于漫无目的地随波逐流和随遇而安,而总是想有所作为。二是在选择目标时会回避过高的难度。他们喜欢中等难度的目标,既不是唾手可得没有一点成就感,也不是难以完成只能凭运气。他们会揣度可能办到的程度,然后再选定一个难度力所能及的目标。对他们而言,当成败可能性均等时,才是一种能从自身的奋斗中体验成功的喜悦与满足的最佳机会。三是喜欢能立即给予反馈的任务。目标对于他们非常重要,所以他们希望得到有关工作绩效的及时明确的反馈信息,从而了解自己是否有所进步。

(二)权力需求

权力需求,是指影响和控制别人的一种愿望或驱动力。不同人对权力的渴望程度也有所不同。权力需求较高的人对影响和控制别人表现出很大的兴趣,喜欢对别人"发号施令",注重争取地位和影响力。他们常常表现出喜欢争辩、健谈、直率和头脑冷静;善于提出问题和要求;喜欢教训别人、并乐于演讲。他们喜欢具有竞争性和能体现较高地位的场合或情境,他们也会追求出色的成绩,但他们这样做并不像高成就需求的人那样是为了个人的成就感,而是为了获得地位和权力或与自己已具有的权力和地位相称。

(三)亲和需求

亲和需求就是寻求被他人喜爱和接纳的一种愿望。高亲和动机的人更倾向于与他人进行交往,至少是为他人着想,这种交往会给他带来愉快。高亲和需求者渴望亲和,喜欢合作而不是竞争的工作环境,希望彼此之间的沟通与理解,他们对环境中的人际关系更为敏感。亲和需求是保持社会交往和人际关系和谐的重要条件。

四、赫茨伯格双因素理论中的需求要素

双因素理论,又称"激励保健理论(Hygiene-motivational Factors)",由美国心理学家弗雷德里克·赫茨伯格于 1959 年提出。该理论认为引起人们工作动机的因素主要有两个:一是激励因素,二是保健因素。只有激励因素才能够给人们带来满意感,而保健因素只能消除人们的不满,但不会带来满意感。

（一）激励因素

激励因素是指能够对被激励者的行为产生刺激作用，从而调动其积极性的因素，只有当设定的激励活动或目标能够满足某种激励因素时，才会使被激励者产生满意感，从而产生效用价值。

激励因素是与工作内容联系在一起的因素，包括工作本身以及认可度、成就和责任等因素。这类因素的改善，或者使这类需要得到满足，往往能给人以很大程度上的激励，让人产生对工作的满意感，有利于充分、持久地调动工作积极性；即使不具备这些因素和条件，也不会让人感到太大的不满意。所以就激励因素来说："满意"的对立面应该是"没有满意"。

（二）保健因素

保健因素是指造成员工不满的因素，包括企业或组织的政策和管理、技术监督、薪水、工作条件以及人际关系等。这些因素涉及工作的消极因素，也与工作的氛围和环境有关。也就是说，对工作和工作本身而言，这些因素是外在的，而激励因素是内在的，或者说是与工作相联系的内在因素。

保健因素不能得到满足，则易使员工产生不满情绪、消极怠工，甚至引起罢工等对抗行为；但在保健因素得到一定程度改善以后，无论再怎样进行改善，往往也很难使员工感到满意，因此也就难以再由此激发员工的工作积极性，所以就保健因素来说："不满意"的对立面应该是"没有不满意"。

赫茨伯格的双因素理论实际上是针对满足的目标而言的。所谓保健因素实质上是人们对外部条件的要求；所谓激励因素实质上是人们对工作本身的要求。根据赫茨伯格的理论，要调动人的积极性，就要在"满足"二字上做文章。满足人们对外部条件的要求，称为间接满足，它可以使人们受到外在激励；满足人们对工作本身的要求，称为直接满足，它可以使人们受到内在激励。

第三节 内生动力、动机与行为机制

动机主要是指激发人的动机的心理过程。通过激发和鼓励,动机使人产生内生动力,朝着所期望的目标前进。动机在人类行为中起着十分重要的作用,它是个体行为的动力和方向,既给人的行为以动力又对人的行为方向进行控制。人类的动机好像汽车的发动机和方向盘。动力和方向被认为是动机概念的核心。具体地说,人类动机对行为具有引发、指引和激励的功能。

一、动机与行为

心理学家一般把动机定义为激发、维持、调节人们从事某种活动,并引导活动朝向某一目标的内部心理过程或内在动力。动机是无法直接观察到的,它是一种内部心理现象,人们只能从观察表面行为的变化来推测背后的动机。动机作为行为过程中的一个中介变量,在行为产生以前就已存在,并以隐蔽内在的方式支配着行为的方向性和强度。

动机的产生受内外两种因素的共同影响。个体内在的某种需要是动机产生的根本原因,而外在环境则作为诱因,引导个体趋向于特定的目标。

需要是有机体内部生理与心理的不平衡状态,它是有机体活动的动力和源泉。需要一旦产生、就成为一种刺激,人们便会想方设法采取某种行为以寻求满足,消除不平衡状态。当一个人渴了的时候,体内便会出现一系列与渴有关的生理不平衡状态,在这种不平衡状态的驱使下,这个人会四处寻找解渴的东西。此时,内在的生理需求成了他寻求解渴物品这一行为的直接推动力量,这就是动机产生的原因。所以,动机是在需要的基础上产生的。

除了有机体内部的需要外,外在的环境刺激也可能成为行为的驱动力量。环境刺激是动机产生的诱因。在一般情况下,诱因作为一种外在刺激物,能够吸引有机体的活动方向,有助于他寻求需要的满足。有些情况下,即使有机体没有特别强烈的内在需要,外在诱因也可能成为动机产生的一个条件,如色香味俱佳的食物可能会使一个本来并不饿的人产生尝一口的想法。

从行为的角度上来讲,动机具有三个方面的功能:一是激活功能。动机会推动人们产生某种行为,使个体由静止状态转化为活动状态。在动机的驱使下个体会产生某种行为并维持一定的行为强度。例如,饥饿会促使个体做出觅食的活动。生理的需求产生的动机往往比较急迫,需要立即获得满足。二是指向功能。动机使个体进入活动状态之后,指引个体的行为指向一定的方向。例如,在成就动机支配下的人会积极地学习,主动选择有挑战性的任务去做。动机不同,有机体行为的目标也不相同,这就是动机的方向性在起作用。例如,同样是努力工作,有些人是为了获得领导的赞赏和个人收入的提高。而有些人则是对工作本身有浓厚的兴趣。由于动机的不同,导致了行为目标的差异性。三是调节与维持功能。动机会决定行为的强度,动机愈强烈,行为也随之愈强烈。动机也决定个体行为的持久程度,在没有达到目标之前,行为会一直存在。有时行为看似不存在了,但只要动机仍然存在,行为就不会完全避免,它只不过是以别的形式存在,如由外显行为改为内潜行为。

动机作为行为的动力对行为效果有重要的影响作用,但具体的影响如何呢?研究表明,这种影响取决于两个要素:一是取决于动机强度;二是取决于个体行为质量。

首先,动机对行为效果的影响取决于动机本身强弱。具体而言,当动机强度很低时,对工作或学习持漠然态度,行为效率是很低的。当动机逐渐增加,活动效率会逐渐提高。但是,当动机过强时,个体处于高度的紧张状态,其注意和知觉的范围变得过于狭窄,也会限制正常活动,降低工作效率。一般而言,个体在中等动机强度下活动效率最高,动机过高或过低都会降低活动效率。同时，动机最佳水平还因工作的性质不同而不同：在比较容易的工作中，动机最佳水平会随动机提高而上升；在比较困难的工作中，动机最佳水平有逐渐下降的趋势。这种现象是耶基斯和多德森（Yerkes & Dodson）通过

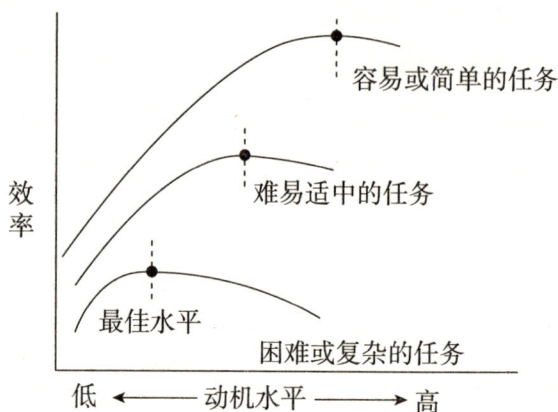

耶基斯—多德森定律

动物实验发现的，被称为耶基斯—多德森定律（Yerkes－Dodson Law）。

其次，动机对行为效果的影响还与个体行为质量有关。动机属于非智力因素，它对活动的影响须以行为质量为中介，行为质量又受到一系列的主客观因素制约。比如一个人的学习动机对学习效果的影响，不仅取决于动机强弱，还取决于学习行为本身的质量。一个学习动机很弱的人当然不会有高质量的学习行为发生，学习效率自然很低，但是学习动机很强或达到中等强度的动机水平的学生，也不一定有很高的学习质量，产生好的学习效果。因为学习质量不仅受动机影响，还受许多变量的影响，如学习基础、学习方法、学习习惯、智力水平等制约。

二、动机的种类

人的需要是多种多样的，有自然的生理的需要，也有社会和文化的需要。当某种需要没有得到满足时，相应的动机就会推动人们去寻找满足需要的对象，从而产生各种活动的动机。依据不同的标准，可以将动机划分为不同的种类。

（一）生理性动机与社会性动机

根据需要的不同性质，可以将动机分为生理性动机和社会性动机。

1. 生理性动机

生理性动机也称为驱力，是由个体的生理需要所驱动而产生的动机。它以个体的生物学需要为基础，对维持个体的生存和发展有着极其重要的作用，如饥、渴、缺氧、母性、性欲、排泄、疼痛等，这些都是保证有机体生存和繁衍的最基本的生理性动机。生理性需要得到满足后，相应的生理性动机水平便趋于下降。20世纪20年代，心理学家们曾用动物做了一个实验来验证不同驱力的相对强度。实验者设计了一种障碍箱，把有动机的老鼠和假定的动机物用电栅分开，老鼠必须忍受一定强度的电击才能通过栅栏以获取食物、水、性或子嗣。结果表明，母老鼠忍受的痛苦最多，越过栅栏的次数最多，这就是母性动机最强有力的证据。在人类的身上，纯粹的生理性动机很少见，因为人不仅是自然的人，更是社会的人。如上述生理性动机中的母性动机，一方面它是天生遗传的一种动机，另一方面也受社会文化、道德规范的影响和约束。在人类社会中，养育子女被认为是父母的义务和责任。因此人类所表现出来的母性动机已不再是纯粹的本能的动机了。

2. 社会性动机

社会性动机是人类所特有的，它以人的社会文化需要为基础。人在成长的过程中要逐渐社会化，接受其所在社会文化的熏陶。为得到社会的认同，同时也满足自己的社会文化需要，就会产生各种社会性动机，如工作动机、交往动机、成就动机、成长动机等。社会性动机是人的某些高级需要所产生的，所以，如果社会性动机长期得不到满足，虽然不会危及人的生命，但却有可能导致适应不良，出现某种心理障碍。如交往动机长期得不到满足，会使人倍觉孤独，并有可能进一步出现心理障碍。另外，在个体发展的过程中，高级需要出现得比较晚，因此，社会性动机也会比生理性动机出现得晚些。如成就动机要到个体成长到一定阶段才会出现。

（二）内在动机与外在动机

根据动机产生的源泉不同，可以将动机区分为内在动机与外在动机

1. 外在动机

外在动机是在外部刺激的作用下产生的，是为了获得某种奖励而产生的动机。如有些小学生为了得到老师和家长的喜欢或称赞而学习。如果没有奖励，他们的学习劲头就不足，学习动机减弱甚至消失。但在儿童动机发展的早期阶段，外在动机具有重要意义。儿童往往是先有外在动机，以后内在动机才逐渐发展起来。

2. 内在动机

内在动机是由个体的内部需要所引起的动机。如学生认识到学习的意义，了解到学习对自己毕生发展的重要性，就会对学习产生很大的兴趣而能积极主动地学习，这时他们的学习动机就转化成为内部动机了。一般来说，由内在动机支配下的行为更具有持久性。

内在动机与外在动机是可以相互转化的。适度的奖赏有利于巩固个体的内在动机，但过多的奖赏却有可能降低个体对事物本身的兴趣，降低其内在动机，这就是动机心理学中的德西效应。

（三）主导动机与从属动机

依据动机在行为中所起的作用不同，可将动机划分为主导动机和从属动机。

1. 主导动机

人的行为十分复杂，这种复杂性的表现之一，便是某一行为可能是由多种动机所驱使的。推动行为的各种动机所起的作用是各不相同，有的表现强烈而稳定，起主导作用。在行为的发生过程中，主导动机起的作用最大，支配着行为发生的方向和强度。

2. 从属动机

在行为动机中，有的动机则处于辅助从属的地位，所起的作用偏弱，

称为从属动机。

主导动机和从属动机在不同人身上或不同情况下会相互转化。在学习活动中会有多种动机并存,在众多动机中,有人把提升自己的能力作为学习的主导动机,而有人把获得赞赏、满足兴趣、成绩优异作为学习的主导动机。同一个人在不同的时期,其主导动机也会变化,如在竞赛前期,会把获得优异成绩作为主导动机,而提升自己可能转化为次要动机。

3. 近景动机与远景动机

根据动机行为与目标的远近关系划分,可把动机区分为远景性动机和近景性动机。所谓远景性动机,是指动机行为与长远目标相联系的一类动机。所谓近景性动机,是指与近期目标相联系的一类动机。远景性动机和近景性动机具有相对性,在一定条件下,两者可以相互转化。远景目标可分解为许多近景目标,近景目标要服从远景目标,体现远景目标。"千里之行,始于足下",是对远景性动机和近景性动机辩证关系的生动描述。

三、动机的理论

动机理论是指心理学家对动机这一概念所作的理论性与系统的解释。用以解释行为动机的本质及其产生机制的理论和学说。动机理论多种多样,其中比较有代表性的主要有以下几种:

(一)动机的本能理论

本能理论是最早出现的行为动力理论。本能理论的基本观点是:人的行为主要是受人体内在的生物模式驱动,不受理性支配。最早提出本能概念的是生物进化论的创始人达尔文。而在动机心理研究方面进行深入研究的则是美国心理学家威廉·詹姆斯、威廉·麦独孤和奥地利心理学家弗洛伊德。

詹姆斯在 1890 年出版的《心理学原理》中,把本能定义为无须事先经过教育就能自动完成的这样一种方式的动作官能。他把饥渴、性等本能概念称为生物本能，又把模仿、竞争、恐惧、同情、建设、清洁、母性等称为社会本能。他认为，社会生活的样式是由人的本能决定的。

相关链接

威廉·麦独孤

威廉·麦独孤(1871～1938)，美国心理学家，策动心理学的创建人，社会心理学先驱。麦独孤主张人类和动物的行为是由目的所驱策的，所以自称为目的心理学。对行为的解释，麦独孤认为个体行为都是有目的的。他指出，心理学研究的行为既不是巴甫洛夫所研究的条件反射，也不是华生所研究的由刺激引起的反应，而是研究目的性的行为。因此一般称麦独孤的思想为目的心理学。

麦独孤认为，人类的一切行为都来源于本能。社会只是一种结果，是人们与生俱来的、大体相似的本能趋向的结果。本能是行为的非理性的策动力。本能都具有目的性，因而由本能所策动的行为都在于奋力达到一定的目的。因此，他的这种心理学理论系统最初就名为"目的心理学"。

弗洛伊德认为人有两大类本能。一种是生的本能，他称之为力比多(libido)，并用力比多这个词来概括一系列行为和动机现象。像饮食、性、自爱、他爱等个人所从事的任何愉快的活动，都是生的本能。另一种是死的本能，他称之为萨那托斯(thanatos，即希腊神话中的死神)，像仇恨、侵犯和自杀等都是死的本能。由于这两种本能在现实生活中都不能自由发展，常常受到压抑而进入无意识领域，并在无意识中并立共存，驱使我们的行动。人的每一种动机都是无意识的生的本能和死的本能的混合物。

需要指出的是，本能论过分强调先天和生物因素，忽略了后天的学习和理性因素。实际上，本能在人类的动机行为尤其是社会动机行为中不起主要作用。虽然本能对自然动机起着主导作用,是自然动机的源泉,但由于自然动机不具有重要的社会意义,而且在现实生活中人类纯粹的自然动机几乎是不能独立存在的,它无一不受社会因素的影响或社会动机的调节,所以,本能论只具有从理论上对自然动机进行解释的意义,而不具有重要的社会意义。用本能这种不具有重要社会意义的动机来解释人类广泛的复杂的社会行为,必然会犯生物决定论的错误。

（二）动机的驱力理论

驱力理论又称驱力还原论、需要满足论驱力理论,是指当有机体的需要得不到满足时,便会在有机体的内部产生所谓的内驱力刺激,这种内驱力的刺激引起反应,而反应的最终结果则使需要得到满足。

驱力理论产生于20世纪20年代。霍尔（G. S. Hall）是最早提出驱力理论的心理学家,而让驱力理论得以大力推广的是美国心理学家赫尔（C. L. Hull）。赫尔认为机体的需要产生驱力,驱力迫使机体活动,但引起哪种活动或反应,要依环境中的对象来决定。只要驱力状态存在,外部的适当刺激就会引起一定的反应。这种反应与刺激之间的连结是与生俱来的。如果反应减弱了驱力的紧张状态,那么,反应与刺激之间的连结就会和条件反射的机制一样得到加强。由于多次加强的累积作用,习惯本身也获得了驱力。所以,赫尔认为行为的强度是先天的刺激、反应间的连结和后天获得的习惯共同决定的。

驱力论比本能论前进了一步,它看到了行为的内在动力的作用。这在当时的条件下,应该说是一种巨大的进步。但是,驱力这种内在的动力仍不能构成动机的全部,并不能对人类行为作出完整的解释。

（三）动机的强化理论

强化理论是以斯金纳为代表的一些心理学家提出的动机理论。斯金纳认为,人或动物为了达到某种目的,会采取一定的行为作用于环境。当这种行为的后果对他有利时,这种行为就会在以后重复出现;不利时,这种行为就减弱或消失。人们可以用这种办法来影响行为的后果,从而修正其行为。因此,强化理论也被称为行为修正理论。

斯金纳把强化定义为增大行为发生概率的事件。他认为,强化从形式上可分为正强化和负强化。正强化就是给予奖励性刺激,以提高行为发生的概率。负强化就是撤销那些令人厌恶的或惩罚性的刺激,以提高行为发生的概率。例如,一只小老鼠被关在一个特制的小木箱中,除了木箱中的压杆以外,其余的各处均有电击,这只小老鼠在躲避电击的过程中偶然按住压杆得以避免电击,这样小老鼠会很快学会按住压杆的行为。

斯金纳开始只将强化理论用于训练动物。后来,斯金纳又将强化理论进一步发展,并用于人的学习上,发明了程序教学法和教学机。他强调在学习中应遵循小步子和及时反馈的原则,将大问题分成许多小问题,循序渐进。他还将编好的教学程序放在机器里对人进行教学,收到了很好的效果。斯金纳根据其研究结果,提出了下列关于行为强化的原则:经过强化的行为趋向于重复发生;要依照强化对象的不同采用不同的强化措施;小步子前进,分阶段设立目标,并对目标予以明确规定和表述;通过某种形式和途径,及时将工作结果反馈给行动者;正强化比负强化更有效。

强化论纠正了本能论过分强调个体先天本能的不足,但把所有人类行为的原因归结于外部强化,否定了人的主动性和自觉性,是机械论的观点。

(四)动机的认知理论

随着认知心理学的发展,许多心理学家探索运用认知观点来解释人的动机现象。我们将这些动机理论统称为动机的认知理论。目前,动机的认知理论中较有影响的有认知失调理论、成就动机理论、归因理论。

认知失调理论的主要代表人物是费斯廷格(L. Festinger)。费斯廷格提出,每个人都有一个认知系统或认知结构,认知结构是由知识、观念、观点、信念等组成的。认知结构中的每一种具体的知识、观念、观点、信念都可以看作是一个认知元素。所有认知元素之间存在三种关系,即协调、不协调和不相关。当认知元素之间协调一致时,人就会保持这种协调状态,觉得心安理得,不去改变态度。而当认知元素之间相互矛盾,处于不和谐状态时,人就会感到紧张、焦虑、不安,此时个体就会设法消除矛盾以减少或解除这种失调状态,使认知元素之间达成协调、统一。人们不但会尽力去消除失调状态,也会尽力回避那些将会增加或产生不协调的情境。费斯廷格主张,认知元素之间的不协调强度越大,则人们想要减轻或消除这种不协调关系的动机也就越强。认知不协调的强度取决于两个方面的因素:一是认知元素对于个体的相对重要性;二是不协调的认知元素的数量,不协调认知元素数量越多,它与认知元素总量的比例就越大,那么失调程度就越高。

成就动机理论的主要代表人物是阿特金森(J. W. Atkinson)和麦克利兰。成就动机是指人们在完成任务中力求获得成功的内部动因,即个体对自己认为重要的、有价值的事情乐意去做,并努力达到完美地步的一种内部推动力量。成就动机分为追求成功的倾向和回避失败的倾向。当人的成就需要大于回避失败的需要时,总的成就动机是正值,表现为趋向成就活动;反之则表现为回避成就活动。同时,当人的成就需要大于回避失败的需要,且任务处于中等难度水平时,成就动机最大。

归因理论的主要代表人物是韦纳(B. Weiner)。归因是指个体对自己成功与失败原因的看法与解释。韦纳认为,人们对成败的归因是行为的基本动力。他把人们对成败的归因归纳为能力、努力、态度、知识、运气、帮助、兴趣等方面。他认为,具体的归因并不重要,重要的是个体归因的维度。他将个体归因的维度分成控制点、稳定性、可控性三个方面。根据控制点维度,可将原因分成内部和外部;根据稳定性维度,可将原因分为稳定和不稳定;根据可控性维度,又可将原因分为可控的和不可控的。

韦纳通过相关研究,得出一些归因的最基本的结论:(1)个人将成功归因于能力和努力等内部因素时,他会感到骄傲、满意、信心十足;而将成功归因于任务容易和运气好等外部原因时,产生的满意感则较少。相反,如果一个人将失败归因于缺乏能力或努力,则会产生羞愧和内疚;而将失败归因于任务太难或运气不好时,产生的羞愧则较少。而归因于努力比归因于能力,无论对成功或失败均会产生更强烈的情绪体验。(2)在付出同样努力时,能力低的人应得到更多的奖励。(3)能力低而努力的人受到最高评价,能力高而不努力的人受到最低评价。因此,归因理论总是强调内部、稳定和可控性的维度。

动机是行为的动力,它引发人们的活动,并推动和引导人们朝着特定的目标努力坚持下去。动机是个体的内在过程,行为是这种内在过程的表现。在组织行为学中,激励主要是指激发人的动机的心理过程。激励的目的是为了激发组织成员的内生动力,调动他们工作的积极性,激发他们工作的主动性和创造性,以提高组织的效率。有效激发专业技术人员的内生动力,需要正确认识动机与行为的关系,恰当运用各种动机理论。

思考探讨

1. 内生动力的含义是什么?

2. 内生动力分为哪几种类型?

3. 动机分为哪几种类型?

第二章 专业技术人员内生动力概述

第一节 专业技术人员内生动力的含义

专业技术人员是指受过专门教育和职业培训,掌握某一领域的专业知识和技术的人才。专业技术人员以传播、应用和创造科技文化知识为职业,通常具有较高的文化水平,具备专业的知识与专门的技术,具有自主创新能力,对社会生产力的发展和社会进步发挥着不可替代的推动作用。专业技术人员的特征是自主性和成就感强,注重人生价值实现与终身可持续发展。

一、专业技术人员内生动力的内涵和特征

专业技术人员的内生动力是专业技术人员认识世界,增长知识,创新进取,不断提升职业水平,实现自我发展的自觉意志和精神追求。专业技术人员的内生动力源于自我发展、自我完善、自我实现、自我超越、自主创新的心理需求和内在力量,是专业技术人员基于对职业环境和职业的远景价值目标的强烈认同而产生的积极主动、自觉执着追求目标价值的原发动力,是专业技术人员自觉性和积极性的核心因素。

专业技术人员内生动力有三个特点:一是自生性。自生性是专业技术人员职业水平提升的内在要求,具有强大的生命力;二是持续性。持续性为专业技术人员提供不竭的力量源泉,对专业技术人员的职业发展具有强大的推动作用;三是创新性。专业技术人员内生动力的创新性促

使专业技术人员与时俱进，不断进行自我更新，激发源源不断的创新激情和创造能力。

二、专业技术人员内生动力是一种主观能动性

归根结底，专业技术人员内生动力是一种心理因素，是一种内在的动机或情感，只有内化为一种内在意识才能驱动专业技术人员的行为。从本质上讲，专业技术人员内生动力是专业技术人员在社会角色和职业身份认同下的主观能动性。

主观能动性亦称"自觉能动性"，它指人的主观意识和实践活动对于客观世界的反作用或能动作用。主观能动性有两方面的含义：一是人们能动地认识客观世界；二是在认识的指导下能动地改造客观世界。人们要在认识世界和改造世界的活动中有所建树，必须充分发挥主观能动性，因为：第一，事物的本质与规律隐藏于现象之中，人们只有充分发挥主观能动性，运用抽象思维能力，才能透过事物的现象揭示事物的本质与规律，从而正确地指导人们的行动。第二，事物不会自动满足人的需要，人们只有充分发挥主观能动性，通过实实在在的行动，利用规律和条件，才能改造世界，创造美好的生活。第三，人们在认识世界和改造世界的过程中，必然会遇到种种困难、挫折，甚至暂时的失败，这就需要坚强的意志和十足的干劲，需要充满活力的精神状态。人的主观能动性又称意识的能动性，是指人类所特有的能动地反映世界和改造世界的能力和作用，意识存在于我们的头脑里，人们只能用语言表达它，用文字记录它，不能用它直接作用于客观事物，虽然只靠单纯的意识不会引起客观事物的变化，但是意识却有一种本领。那就是作为一种无形的力量，在不停地告诉人们，应当做什么，以及怎样去做，在实践中，意识总是指挥着人们使用一种物质的东西去作用于另一种物质的东西，从而引起物质具体形态的变化，这种力量就是人的主观能动性。

相关链接

主观能动性是人区别于动物的特点

主观能动性为人类所特有,它是人区别于动物的特点。对动物来说,不存在主观和客观的关系问题。虽然动物也有能动性,但是不能称之为主观能动性。动物的活动及能动性和它的生命活动是同一的,不具主观性。某些高等动物的活动,似乎也表现出某种"目的性"、"计划性",能提前采取趋利避害的行动,可也只是一种在长期适应活动中形成的本能,它和人的有目的的自觉活动不同。马克思曾经以"蜜蜂"与"建筑师"的比喻,生动地阐明了人和动物活动的显著区别。一切动物的行动,都不能在自然界打下它的意志的印记,只有人才能"通过实践创造对象世界",支配自然界并为自己的目的服务。人的活动具有目的性、意识性和自觉性,表明了人对周围世界有着积极、主动的态度,意识富有主观性。

专业技术人员的内生动力,是专业技术人员对于专业技术岗位工作的认可并为之努力工作、尽心尽力、创新奉献,充分发挥主观能动性的内在动力。内生动力使专业技术人员具有强烈的职业意识和身份认同感,内心深处自然生发出忠于职守的工作态度和蓬勃的工作激情。

专业技术人员能够在工作中发挥不可替代的作用,能够在职业生涯中不断学习与进步,根本的原因是专业技术人员的职业理想与自身的能力素质之间的矛盾所产生的内生动力的支持。专业技术人员内生动力所产生的动机中包含着自觉、积极、主动和创新的特性,这种矛盾驱使专业技术人员根据自身的能力素质和自身的需求有目的、有计划地来支配自己的职业活动,以满足自己的需求,获得自身的发展。在专业技术人员职业发展的过程中,组织和社会要服务于专业技术人员,激发专业技术人员的内生动力。

第二节　构成专业技术人员内生动力的主要因素

构成专业技术人员内生动力的主要因素包括认同感、归属感、荣誉感、责任感、创新动机、成就动机、自我实现欲望等。

一、专业技术人员认同感

专业技术人员认同感是指专业技术人员在行为与观念诸多方面与其所加入的组织具有一致性,觉得自己在组织中既有理性的契约和责任感,也有非理性的归属和依赖感,以及在这种心理基础上表现出的对组织活动尽心尽力的行为结果。对组织具有认同感的专业技术人员是被组织本身所吸引而聚集在组织周围,而不是以组织成员之间个人特性的相似、相互依赖或交换而形成的人际关系所吸引。它的产生与变化,受制于多方面内外因素的影响。组织管理中以双赢为出发点力求实现组织与专业技术人员关系的契合而形成的组织认同,有助于组织及专业技术人员共同发展。

相关链接

认同感

在管理心理学中,是指群体内的每个成员对外界的一些重大事件与原则问题,通常能有共同的认识与评价。这主要是由于各成员有一个共同的目标,彼此间存在一致的利害关系。有时尽管群体认识不一定符合事物的本来面貌,但每个成员都能信以为真。认同感尤其在个人对外界事物信息不灵,情况不清,情绪不安时会强烈地影响个人的认识。

专业技术人员的认同感包括四个方面:一是价值认同。专业技术人员认同组织的核心价值理念,并在工作中自觉地实践这些价值理念。二是文化接纳。专业技术人员能够主动积极地了解组织文化,接受组织文化的熏陶,并在工作所及的范围内,传播、丰富和创造组织文化。三是组织承诺。专业技术人员对组织、对工作有较大的感情投入,自觉培养和组织休戚与共的"企业主人翁"意识。四是团队融合。专业技术人员能够通过积极的沟通、支持性态度以及勤奋负责的工作风格,融入组织,赢得组织成员的信任,建立彼此配合的团队默契。

专业技术人员对组织的认同感分为四个等级:(1)A－1级:对于组织的价值观和企业文化认同度低,无法获得内心的共鸣;只关注自己的得失,并不在意组织未来的发展;使命感不强烈。(2)A－0级:较认同组织的价值观和企业文化,能获得共鸣;工作中有较好的自主性,有主人翁意识,对组织的未来有信心;能够较好地融入团队;有较强的使命感。(3)A＋1级:对组织的价值观和组织文化有高度认同感,为自己身为组织的一员而感到骄傲;对待组织,对待工作有主人翁精神;对组织的未来充满信心;迅速溶入到团队之中,并能快速的展开工作;组织荣誉感强,积极地参加企业的活动,争得荣誉;有非常强烈的使命感。(4)A＋2级:非常强烈的归属感与使命感,组织价值观与组织文化的倡导者;对于组织有着强烈的感情,团队间配合默契。

二、专业技术人员归属感

归属感是指个体与所属群体间的一种内在联系,是某一个体对特殊群体及其从属关系的划定、认同和维系,归属感则是这种划定、认同、和维系的心理表现。在群体内,成员可以与别人保持联系,获得友情与支持;成员间在发生相互作用时,其行为表现是协调的,同一个群体的成员在一致对外时,不会发生矛盾和摩擦,彼此都体会到大家都同属于一个群体,特别是当群体受到攻击或群体取得荣誉的时候,群体成员会表现得更加团结。这就是归属感的积极意义。

专业技术人员归属感是指专业技术人员经过一段时期的工作,在思想上、心理上、感情上对组织产生了认同感、公平感、安全感、价值感、工作使命感和成就感,这些感觉最终内化为专业技术人员的归属感。归属感的形成是一个非常复杂的过程,一旦形成将会使专业技术人员内心产生自我约束力和强烈的责任感,调动专业技术人员自身的内生动力而形成自我激励,最终产生投桃报李的效应。

专业技术人员的归属感可以分为三个层次:(1)专业技术人员通过各种信息途径对组织有一个大致的了解,当组织的薪酬、福利等物质利益和组织的各种文化、价值观等意识形态基本符合专业技术人员的价值标准,专业技术人员将义无反顾地加入到组织当中。(2)专业技术人员开始了一个对组织全面认知、熟悉的过程。组织通过对专业技术人员进行一段时间的培训,使专业技术人员逐渐感受、感知、熟悉、适应组织的各个方面,专业技术人员将对组织的经营理念、经营决策、组织文化和行为规范产生基本的认同感。(3)随着组织在物质上和精神上不断满足专业技术人员对生理、心理、感情、人际关系等不同方面的需要,导致专业技术人员对组织领导者的思维方式和组织的核心价值观产生了深层次的认同感,并逐步提高专业技术人员的安全感、公平感和价值感,强烈的工作的使命感和成就感使得专业技术人员对组织的满意感不断增加,最终形成组织的归属感。归属感形成后,一方面加深了专业技术人员对组织的认同,另一方面专业技术人员将自发形成自我约束并产生对组织强烈的责任感,体现为专业技术人员的主人翁精神,并充分地、自觉地发挥个体主观能动性,最终为组织创造出巨大的价值。因此,专业技术人员归属感的培养是一个长期的、复杂的、动态的过程。

三、专业技术人员荣誉感

荣誉感是指个体在集体中所作出的杰出贡献得到了集体或团体或社会、国家的认可而给予个体在某集体中的特有殊荣,其获此殊荣的个体所在其集体的给予殊荣的影响下而产生的一种积极向上、富有正面意义的心理感受时常伴随着"自豪、优秀"等一系列的积极情绪体验所产生的个体心理现象的发生叫做荣誉感。当然,荣誉感是一种伴随集体态度所发生的个体心理反应,所以随着时间的推移当某集体不再肯定或否定个体殊荣时,其荣誉感也会随着外界的肯定性的变化逐渐消失,如果个体内部本身对某领域或某集体带有贬义的消极色彩,即便是在其获得殊荣最初也不会产生荣誉感的特有心态,荣誉感是个体和集体环境意识达到一致统一时才会发生的一种个体的高尚体验感知情绪。

专业技术人员荣誉感就是专业技术人员在自己职业范围内做好自己职业范围内的事情的那种职业责任感和做好职业之后在社会上获得的尊敬、自尊及感到光荣的那种感觉。在我们的社会,专业技术人员只要认真把自己职业岗位上的事情做得近乎完美,在社会上就会得到充分的尊敬,作为个人也能够得到充分的职业荣誉感与幸福感。无论你的职业是什么,只要做出了一流的水平,为社会作出了贡献,而不论你是什么岗位,都能够实现自己的价值。

专业技术人员荣誉感是专业技术人员敬业爱岗的具体表现,是从事该职业的道德情感,一旦专业技术人员受到不同程度的刺激,道德情感的崇高性就会渐渐被世俗追求所取代,而渐渐失去职业荣誉感,失去对职业的兴趣。

四、专业技术人员责任感

责任感是主体对于责任所产生的主观意识,也就是责任在人的头脑中的主观反映形式。专业技术人员的责任感是专业技术人员对自己、自然界和人类社会,包括国家、社会、集体、家庭和他人,主动施以积极有益作用的精神状态。

"责任"和"责任感"有着本质的区别,责任是人分内应做之事,还需要一定的组织、制度或者机制促使人尽力做好,故"责任"有被动的属性;而责任感是一种自觉主动地做好分内分外一切有益事情的精神状态。把专业技术人员的责任感定义为一种精神状态是恰当的,精神指人的意识、思维活动和一般心理状态,其范围要比表示情绪和感情状态的"心情"一词广泛得多,能够涵盖"责任感"的丰富内涵。作为心理学概念,专业技术人员责任感与一般的心理情感所不同的是,它属于社会道德心理的范畴,是思想道德素质的重要内容。专业技术人员责任感的形成和增强除受意识形态和社会文化环境的影响外,主要靠教育,包括自我教育。

专业技术人员责任感从本质上讲既要求专业技术人员利己,又要利他人、利事业、利国家、利社会,而且自己的利益同国家、社会和他人的利益相矛盾时,要以国家、社会和他人的利益为重。专业技术人员只有有了责任感,才能具有驱动自己一生都勇往直前的不竭动力,才能感到许许多多有意义的事需要自己去做,才能感受到自我存在的价值和意义,才能真正得到人们的信赖和尊重。

五、专业技术人员创新动机

动机是在需要的基础上产生的,需要作为人的积极性的重要源泉,它是激发人们进行各种活动的内部动力。动机的产生除了有机体的某种需要外,诱因的存在也是一个重要条件。因此,动机的强度或力量既取决于需要的性质,也取决于诱因力量的大小。此外,目标的价值、个体或群体对实现目标的概率的估计或期待与动机的力量也有直接的关系。

专业技术人员创新动机是指引起和维持专业技术人员创新活动的内部心理过程,是形成和推动专业技术人员创新行为的内驱力,是产生创新行为的前提。专业技术人员的创新动机并不是单一的,而是多元的,这既与专业技术人员的价值取向有关,也与组织的文化背景、专业技术人员的素质相关。通常来说,专业技术人员创新动机在以下几个基础上产生：

一是创新心理需求。专业技术人员的创新心理需求是由自己对个人成就、自我价值、社会责任等的某种追求而产生的，具体来说则是在各种创新刺激的作用下产生的。创新刺激可以分为内部刺激和外部刺激两大类。内部刺激来源于专业技术人员内在因素变动的影响；外部刺激来源于外部环境各种因素的变动对创新主体的影响。内部刺激通常受到一定的年龄、生理等特点的制约；外部刺激则受到环境的制约。当内外刺激和谐时会产生共振，使创新心理需求程度加大，推动专业技术人员积极进行创新。

二是成就感。成就感是专业技术人员获得成功时为所取得的成就而产生的一种心理满足。许多专业技术人员进行创新的直接动机就是追求成就感，因为他们把自己的成就看得比金钱更重要。具有成就感的专业技术人员更容易在艰苦的创新过程中保持顽强的进取心，推动自己不达目标誓不罢休。

三是经济性动机。在现实的经济社会中，劳动依然是谋生的手段，专业技术人员也要首先解决衣食住行等基本生存问题，因此不能排除专业技术人员因对收入报酬的追求和需要而产生创新的行动。专业技术人员在创新时的经济性动机，可以分为两大类：第一类是为了组织的经济效益提高；第二类是为了自己个人利益的增加。虽然第一类动机表面上只与组织效益有关，但组织效益良好最终还会以各种方式回报给为此作出贡献的创新主体。因此，专业技术人员的经济性动机是明确的，这就是各种创新的成功在增进资源配置效率从而导致组织效益的增加，提高资源配置效率的同时也能增加专业技术人员的经济收入。

四是创新勇气。仅有创新欲望、创新意识是不够的，还要有创新的勇气。由于创新是对旧理论、旧观念的怀疑、突破，对权威的挑战。创新的结果有可能成功，也有可能失败。因此，专业技术人员既要敢于质疑，敢于创新,同时又要有充分的思想和心理准备,勇于承担因创新而带来的风险。

六、专业技术人员成就动机

成就动机是个体追求自认为重要的有价值的工作,并使之达到完美状态的动机,即一种以高标准要求自己力求取得活动成功为目标的动机。麦克利兰理论(情绪激发理论)认为,成就动机是人格中非常稳定的特质,个体记忆中存在着与成就相联系的愉快经验,当情境能引起这些愉快经验时,就能激发人的成就动机欲望。成就动机强的人对工作学习非常积极,善于控制自己尽量不受外界环境影响,充分利用时间,工作学习成绩优异。阿特金森理论(期望价值理论)认为,动机水平依赖于三大因素:一是成功诱因值(I_s),即对实现目标的价值判断;二是在某任务中成功的可能性大小(P_s);三是成就需要,即主体追求成功的动机强度(M_s)。这三个因素发生综合影响,其结果使个人接近与成就有关的目标倾向(T_s)。

对专业技术人员来讲,成就动机的影响因素有三个:一是目标吸引力。目标的吸引力越大,专业技术人员成就动机越大;二是风险和成败的主观概率。很有把握的事和毫无胜算的事都不会激发高的成就动机;三是施展才干的机会。专业技术人员施展才干的机会越多,成就动机越强。

七、专业技术人员自我实现欲望

"自我实现"理论在17世纪西方新兴资产阶级的人性论思想中萌芽,其从个人的主体存在出发,强调人的自我设计、自我奋斗和自我创造。心理学家马斯洛在20世纪40年代提出需要层次理论,认为人的基本需要,从低级到高级,依次是生理需要、安全需要、归属与爱的需要、尊重的需要和自我实现的需要。前四种是缺失性的,起源于实际的或感知到的环境或自我的缺乏,完全依赖于外界。而自我实现的需要则是成长性的,是导致自我实现的种种过程。自我实现即"对天赋能力、潜力等的充分开拓和利用。这样的人能够实现自己的愿望,对他们力所能及的事总是尽力去完成"。马斯洛认为自我实现的需要是一个人对于自我发挥和完成的欲望,也就是一种使自身的潜力得以实现的倾向。马斯洛描绘了自我实现者的总体特征:竭尽所能,使自己趋于完美。人的绝对完美是不可能的,但向完美靠近、奋斗是完全可能的。马斯洛把人向完美奋斗的过程或倾向称为自我实现。

相关链接

中国人的自我实现观

中国古代思想家的目的是在实践中实现自己的道德人性,从中得到真正的精神享受,即所谓的"心中乐地"。这种实现完全是现世主义的,它主张在现世人生中实现最高理想,并不需要彼岸的永恒和幸福。因为永恒和幸福本来就在你的心中,随时可以实现和受用。中国人把"立德、立功、立言"定为人生三不朽,正体现了中国文化在价值取向上的现世特征。

对于专业技术人员来讲,光有经济上的满足还不够。他还要机会,需要成就感,需要实现自我抱负,需要实现价值。专业技术人员希望能通过充分发挥自己的才能来取得事业上的成功,以此获得自我价值的实现,赢得社会对其权利、成就和形象的尊重。

激发专业技术人员的内生动力,需要培养专业技术人员对于职业的认同感、归属感、荣誉感、责任感,满足专业技术人员在创新动机、成就动机、自我实现欲望等方面的需求,从而促使专业技术人员增强自我调节、自我完善的能力和水平,更好地学习先进的科学技术、管理经验和文化知识,提高自身素质,有效挖掘自身的潜力。

第三节 影响专业技术人员内生动力的内部因素和外部因素

影响专业技术人员内生动力的因素包括内部因素和外部因素。内部因素就是专业技术人员自身对内生动力的调动，包括成就动机、自我效能、自我激励等；外部因素是指组织环境因素和社会环境因素。组织环境因素是指工作氛围，包括工作激励、工作本身等。社会环境因素是指社会整体的意识形态以及国家和政府的政策、法律等制度安排。

一、影响专业技术人员内生动力的内部因素

影响专业技术人员内生动力的内部因素即专业技术人员的自身因素，包括专业技术人员成就动机、自我效能、自我激励等三个方面。

（一）成就动机

成就动机指个体在完成某种任务时力图取得成功的动机。成就动机对个人的发展和社会的进步都具有重要作用，它好像一架强大的"发动机"那样，激励人们努力向上，在前进道路上取得一个又一个的成就。

20世纪30年代，心理学家默里把成就动机列入人类20种心理需要之一。并称之为"克服障碍，施展才能，力求尽好尽快地解决难题"。之后，麦克利兰和阿特金森等人对成就动机进行了系统的实验研究。20世纪70年代后，人们对成就动机的研究进入了一个新的阶段，主要从认知理论出发，开始探讨个人成就的归因过程，以及对成就动机的测量。

研究表明，成就动机和一个人的抱负水平密切联系着。抱负水平指一个人从事活动前，估计自己所能达到的目标的高低。个人的成功和失败的经验通常影响抱负水平的高低，成功的经验会提高个人的抱负水平，失败的经验会降低个人的抱负水平。美国心理学家罗特认为，制约

个人抱负水平的两个因素是：个人的成就动机和个人根据已往的成败经验对自我能力的实际估计。

麦克利兰的成就动机理论被称为情绪激发理论。麦克利兰认为，成就动机是一个人人格中非常稳定的特质。个体记忆中存在着与成就相联系的愉快经验，当情境能引起这些愉快的体验时，就能激发起个体的成就动机。他指出，成就动机强的人对学习和工作都非常积极，能够控制自己不受环境影响，并且能善于利用时间。成就动机得分高的人比得分低的人，会取得优良的成绩。麦克利兰把成就动机看作决定个体行为的根本原因，并且将一个民族的成就动机看作社会经济的决定力量。

强烈的成就动机使人具有很高的工作积极性，渴望将事情做得更为完美，提高工作效率，获得更大的成功。成就动机是影响专业技术人员工作积极性的一个基本的内部因素，在宏观层次上它受到专业技术人员所处的经济、文化、社会的发展程度的制约；在微观层次上，它让专业技术人员有机会得到各种成功体验，培养和提高自我实现愿望等成就动机水平，有助于改变专业技术人员对工作的消极态度，提高自我的工作积极性。

（二）自我效能

"自我效能"（self－efficacy）由美国斯坦福大学（Stanford University）心理学家阿尔伯特·班杜拉（Albert Bandura）在 20 世纪 70 年代首次提出，是指一个人在特定情景中从事某种行为并取得预期结果的能力，它在很大程度上指个体自己对自我有关能力的感觉。自我效能也是指人们对自己实现特定领域行为目标所需能力的信心或信念，简单来说就是个体对自己能够取得成功的信念，即"我能行"。

"自我效能"与自尊不同，它是对特定能力的一种判断，而非自我价值的一般性感受。班杜拉认为："人们很容易有强烈的自尊心——只要降低目标就好了。"另一方面，班杜拉教授指出，有些人具备很高的"自我效能"——努力驱动自我,但是自尊心却不行,这是因为他们的表现总是达不到他们高高在上的标准。

自我效能同时也标志了人们对自己产生特定水准的,能够影响自己生活事件的行为之能力的信念。自我效能的信念决定了人们如何感受、如何思考、如何自我激励以及如何行为。自我效能决定了专业技术人员对自己工作能力的判断,积极、适当的自我效能感使专业技术人员认为自己有能力胜任所承担的工作,由此将持有积极的、进取的工作态度;而当专业技术人员的自我效能比较低,认为无法胜任工作,那么他对工作将会有消极回避的想法,工作积极性将大打折扣。

自我效能感的形成受多方面因素的影响,这些影响其发展的因素被称为自我效能信息,班杜拉认为人们对于自己的才智和能力的自我效能信念主要是通过四种信息源提供的效能信息而建立的:一是亲历的掌握性经验。亲历的成败经验是指个体通过自己的亲身行为所获得的关于自身能力的直接经验,亲历的掌握性经验对自我效能感的形成影响最大。成功的经验可以提高自我效能感,使个体对自己的能力充满信心。反之,多次的失败会降低对自己能力的评估,使人丧失信心。另外,自我效能感的形成在某种程度上受制于个体对自我形成行为表现成败的各个因素(如:任务的难度、个人的努力程度、外界援助的多寡等)的权衡。二是替代性经验。替代性经验是指通过观察他人的行为和结果,获得关于自我可能性的认识。替代性经验对自我效能感的形成非常重要。当一个人看到与自己水平差不多的人获得成功时,能够提高其自我效能判断,增强自信心,确信自己有能力完成相似的行为操作。相反,当看到与自己能力不相上下的人,虽然付出了很大的努力,仍遭失败时,他就会降低自我效能感。三是言语说服。影响自我效能感的另一个信息源是他人的鼓励、评价、建议、劝告等。言语说服是进一步加强人们认为自己拥有的能力信念的手段。尤其是当个体在努力克服困难时,如果外界有人表达了对他(她)的信任或积极的评价,会较容易增强其自我效能。四是情绪与生理的影响。一个人的情绪状态与生理状态有时也会影响自我效能感的水平。比如生理上的疲劳、疼痛和强烈的情绪反应容易影响个体对自我能力的判断,降低自我效能感。

因此,对于专业技术人员来讲,提高自我效能可从四个方面做起:一是通过熟练掌握与成功体验来提高自我效能。俗话说"熟能生巧",信心是建立在成功的基础上的,提高自我效能最可靠的方法,就是在完成某项任务的过程中,反复体验成功。二是通过替代学习和模仿来提高自我效能。熟练掌握和成功的直接经验并不是增强自我效能的唯一方法。通过认知过程,即通过观察他人成功和失败的经历,人们也可以增强自己的信心。虽然直接体验比替代学习和模仿更有效,但是,观察性的体验可以让个体认识他人的成功和失误,并从中学习,进而有选择地模仿他们的成功行为。这种学习增加了观察者未来获得个人熟练掌握体验和成功的机会。三是通过社会说服和积极反馈来提高自我效能。科学研究已经证明,运用积极反馈和社会认可能够提高专业技术人员的自我效能,有时这种作用甚至超过了金钱奖励和其他激励技巧所带来的影响。在现实生活中,大多数组织在技术培训和经济报酬体系上投以重资,却往往忽视了一项数量无限又没有成本的资源,这一资源包括感谢、赏识、向专业技术人员提供反馈和认可等一系列强有力的自我效能影响因素。四是通过改善专业技术人员身心健康状况来提高自我效能。专业技术人员的身心健康状况与自我效能的关系虽然没有上面三个方面那么紧密,但同样会对自我效能产生影响。例如,积极的心理状态能激发观察、自我调节、自我反思等认知加工过程,这些加工能增强他们的个人控制感和信心。身体健康与自我效能的关系也同样如此。良好的健康状况对一个人的认知和情绪状态,包括对自我效能的信念与期望都有积极影响。

（三）自我激励

自我激励是指个体具有不需要外界奖励和惩罚作为激励手段，能为设定的目标自我努力工作的一种心理特征。通过自我激励，个体可以处于一种兴奋状态，以高昂的斗志、充沛的干劲充满激情地面对工作。

相关链接

自我激励的三个层面

自我激励可分为三个层面：第一个层面是自省。适当而正确的自省，往往比其他任何东西更能使人获益；第二个层面是感恩。感恩是成功的基石，它是你灵魂深处的感觉；第三个层面是自我实现。自我实现的需要是超越性的，追求真、善、美，将最终导向高峰体验，是自我激励活动的最高境界。

对于专业技术人员来讲，自我激励有如下方法：一是树立远景。远景就是你人生的目标，你每天早晨醒来为之奋斗的目标。远景必须即刻着手建立，而不要往后拖。你随时可以按自己的想法做些改变，但不能一刻没有远景。二是离开舒适区。要不断寻求挑战激励自己。要提防自己，不要躺倒在舒适区。舒适区只是避风港，不是安乐窝。它只是你心中准备迎接下次挑战之前刻意放松自己和恢复元气的地方。三是调高目标。许多人惊奇地发现，他们之所以达不到自己孜孜以求的目标，是因为他们的主要目标太小、而且太模糊不清，使自己失去动力。如果你的主要目标不能激发你的想象力，目标的实现就会遥遥无期。因此，真正能激励你奋发向上的是，确立一个既宏伟又具体的远大目标。四是直面困难。困难对于专业技术人员来说，不过是一场场艰辛的比赛。真正的运动者总是盼望比赛。如果把困难看作是对自己的诅咒，就很难在生活和工作中找到动力。如果学会了把握困难带来的机遇，你自然会动力陡生。五是立足现在。锻炼自己即刻行动的能力。充分利用对现时的认知力。不要沉浸在过去,也不要耽溺于未来,要着眼于今天。当然要有梦想、筹划和制订创造目标的时间。不过,这一切就绪后,一定要学会脚踏实地、注重眼前的行动。六是走向危机。危机能激发我们竭尽全力。无视这种现象,我们往往会愚蠢地创造一种追求舒适的生活,努力设计各种越来越轻松的生活方式,使自己生活得风平浪静。当然,我们不必坐等危机或悲剧的到来,从内心挑战自我是我们生命力量的源泉。圣女贞德说过:"所有战斗的胜负首先在自我的心里见分晓。"

人生的成功与否,固然与外部环境有关。但是,更与自我激励有关。自我激励能激发力量、引发智慧、鼓舞斗志。专业技术人员工作中难免会遇到失败和挫折,必须要不断地进行自我激励,以维持强烈的内生动力。

二、影响专业技术人员内生动力的外部因素

（一）组织因素

组织因素是指组织中所有潜在影响个人行为与发展的因素或力量。包括机构、职位、人事、程序、方法、管理方式和工作原则等。组织因素对组织成员的生存与发展起着决定性作用。调动专业技术人员的内生动力,要注意组织因素的影响。

1. 科学设计组织结构

科学设计组织结构,应注意以下几点:一是制定明确的权责结构。明确各部门和个人的责、权、利,并使一定的责任具有相应的权力和利益。让专业技术人员在自己的职责范围内,根据相关法律法规以及组织和个人情况,独立自主地处理事务,可以提高专业技术人员的责任感和荣誉感,极大地调动其积极性,满足其自我实现的需要。二是设计合理的用人制度。人员任用得当能为专业技术人员提供最直接的满足,使其处于激发状态。用人制度是组织激励的关键和最基本的方法,一个合理

的用人制度,包括职能相称、量才使用、用人所长、避人所短、用人不疑、大公无私、惟贤是举等。三是妥善进行职务分工。职务分工合理能直接满足专业技术人员的某些需要,使他们的积极性得到激发,个人能力和潜力得到发挥。在进行职务分工时,一方面一定要确保责任到人;另一方面,分派的工作要有一定的难度,具有适当的挑战性,这样有利于激发专业技术人员的积极性和成就感。另外,分派的工作也需与专业技术人员的专业、兴趣对口,符合他们的志愿和特长,将组织需要和个人需要有机地结合起来。

2.合理设置组织目标

合理设置组织目标的实质就是实行目标管理。目标管理是一种由激励理论发展出来的激励技术、管理制度,也是一种制定计划、进行控制、进行人事评价和对组织整体绩效作出评价的方法。1954 年,著名管理学家德鲁克在《管理实践》一书中首次全面阐述了这一管理制度。

目标管理是指一个组织中的上下级共同制定组织的目标和任务,并由此确定各自的分目标和任务,使大家通过完成各自的目标和任务,为完成组织总目标和任务作贡献的一种管理方法。目标管理的吸引力在于它强调将组织的整体目标转化为组织单位和个人的具体目标,通过设计一种使目标根据组织层次相衔接的程序,使目标的概念具有可操作性。目标管理以合理设置目标来激发专业技术人员的自我管理意识,以目标来指导行为,以合适的目标来激励动机,充分调动专业技术人员的积极性。

在目标设定中,组织设立总目标后,每个部门根据总目标设立本部门的目标,个人则根据本部门的目标和个人情况制定个人目标,从而形成一个自上而下的目标管理系统和自下而上的措施保证系统。

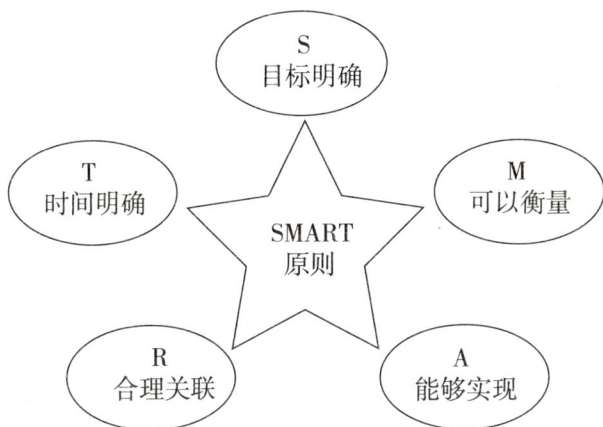

SMART 原则（目标管理原则）

3. 及时改进薪酬、奖励制度

当我们专心考虑目标设定、创造工作的趣味性、提高参与机会时，很容易忘记生理需要和安全需要是专业技术人员的基本需要，很容易忘记大多数人从事工作的主要原因是获得确保生存的金钱。因此，加薪、奖励和其他物质刺激，在满足专业技术人员需要、调动他们的积极性上有着很重要的作用。薪酬、奖励制度是满足专业技术人员生理需要、安全需要以及其他一些物质需要的经济来源，而且也是他们的成绩、责任、地位与资历的象征，因而是一个很重要的激励因素。充分发挥这一激励因素的作用，需要注意以下几个因素：一是薪酬、奖励制度要贯彻按劳分配、责酬相符原则；二是专业技术人员的薪酬水平与社会其他阶层的薪酬水平应相对平衡，差距不能过大；三是薪酬增长率应与物价贸易膨胀率相一致，保证专业技术人员的实质待遇不因物质上涨而降低，应随着国民经济的发展有计划、分步骤地提高专业技术人员的实质待遇；四是在确保公平的条件下实行个别化奖励。领导者应根据不同的情况对专业技术人员进行个别化奖励，如加薪、晋升、授权、提供参与目标决策的机会等；五是任何薪酬和奖励制度都应公开、透明。

4.高度重视专业技术人员参与管理

专业技术人员参与管理就是让专业技术人员参与组织管理,分享上级决策权,对与专业技术人员利益有重大关系的事件进行民主决策,参与决策执行和评估。参与管理与马斯洛的需要层次理论、赫兹伯格的双因素理论、弗洛姆的期望理论有着重要的联系:一是让专业技术人员参与管理,不断扩大专业技术人员参与权,会使他们感受到上级领导的信任,加强他们的主人翁责任感和事业心,满足他们信任、自尊和自我实现的需要,充分调动他们的积极性。二是当组织工作比较复杂时,管理人员无法了解每个专业技术人员的所有情况和各个工作细节,而通过专业技术人员参与管理,可以了解更多情况,同时在参与中可以进行有效的、协调一致的管理。三是专业技术人员参与管理后,会对作出的决策有认同感,认识到自己的利益和组织的利益、组织的发展密切相关,因此产生的满足感和责任感有利于决策的执行和目标的实现。

参与管理的主要部分是参与决策和参与评估。参与决策是专业技术人员参与作出与他自身工作有关的决策。参与决策可分为参与决策的程度、内容。参与决策的程度主要由那些高层领导者决定。参与内容包括以下几个方面:日常的人事职能,如培训、报酬等;工作本身,如任务分配、工作方法、工作速度等;工作条件和环境,如设施等;组织的政策和战略等。

参与评估是参与管理的最终阶段。通过参与评估,可以确认组织目标实现的程度,考核各单位和个人的绩效。参与评估实行上级、下级、自己评估三者相结合,共同协商,确认成果,一方面能确保绩效评估的客观性和真实性,另一方面也能有效激发专业技术人员的责任感和认同感,满足其自我实现需要,充分调动其积极性。

5.培养良好组织氛围

组织的生存和发展离不开专业技术人员的创造性工作,组织的一切活动和工作都有赖于专业技术人员的积极参与。但是,人的积极性是不会自然而然产生的,必然受到外界推动力和吸引力的影响,这些影响力作为激励因素影响专业技术人员本身,通过他自身的吸收、消化,产生一种自动力,激发其热情和干劲。组织激励的进行需要培养一种良好的组织氛围。这种良好的组织氛围包括:组织内部存在共同目标的单位之间有真正的协调工作;专业技术人员可以自由发表自己的议论与他们对某一问题的感觉,不用担心受到讥笑或产生其他消极后果;人们都真正关心彼此的工作、福利、成长和成功。一个人在完成单位目标的过程中,不必浪费时间、精力去保护自己不受别人的干扰;个人工作成绩出色时,会感受到单位其他成员的赞赏,当工作不顺利时,人们会互相帮助;当意见不统一时,意见不一致的个人能交流相互的观点,达成一个大家都认可的协议。

（二）社会因素

社会因素是指社会制度、社会群体、道德规范、国家法律、社会舆论、风俗习惯等社会上的各种各样的环境与事物。社会因素包括人类的一切活动,它们的存在和作用强有力地影响着专业技术人员。

通常来讲,机会提升、精神激励、物质利益、地位升迁是一个社会可供配置的四大重要资源,建立科学合理、深入和普及化的激励机制,如何把这几大资源配置好,发挥出最大效率,直接关乎一个国家的风气培养与合力生成。这就要求必须建立高水平的符合社会主义价值观的社会激励政策与机制。

社会激励是以制度化的形式,通过某种报酬来引导社会成员的行为和态度,以实现某种既定目标的过程。专业技术人员的社会激励是社会为专业技术人员的成才、职业发展以及创业、创新提供资源与条件,是他们获得与自身努力和贡献相匹配的社会回报。

社会激励主要是通过某种规则机制自发进行的,虽然国家或政府通常代表整个社会进行管理和激励,即国家或政府通过法律、政策和规章等对专业技术人员的职业发展与权益保障等作出制度安排,但大量的社会激励行为是在政府直接调控和管制之外的,与社会自发的激励相比,政府的激励的时效性、准确性有时也很有限,其作用通常体现在社会和市场机制失灵的领域。

相对而言,制度激励是社会需要建立的一种长期稳定的根本性激励机制,它是管理激励的基础或前提。同时,制度作为一种公共品,是一种公共选择的结果。制度的供给或维持为社会组织及成员的社会行动提供了现实可能性和可行性,一旦形成,社会所有成员都会通过"制度消费"满足其对制度的"需求",各得其所、各获其益。因此,培育专业技术人员的内生动力,还要营造良好的制度环境。

思考探讨

1. 专业技术人员内生动力的内涵和特征是什么?

2. 构成专业技术人员内生动力的主要因素有哪些?

3. 影响专业技术人员内生动力的内部因素和外部因素是什么?

第三章　专业技术人员内生动力的培养与积蓄

第一节　专业技术人员内生动力存在的问题

专业技术人员内生动力的形成包括对职业的认知,职业感情的培养,职业信念的确立,良好的职业行为和职业习惯的形成,正确的职业态度和良好的职业道德的形成等多方面的内容。如果专业技术人员不能把握好这些方面,其内生动力的生成就会受到很大影响。

改革开放近40年来,我国经济高速发展,物质条件极大丰富,价值取向与思想观念越来越多元化,一些专业技术人员受到种种不良倾向的影响,是非明辨力差;在张扬个性的同时,责任意识逐渐淡薄,甚至职业道德缺失,比如,有些人被功利心驱使,为了个人的名利不惜使用小偷的手段,抄袭他人文章,"窃取"他人的劳动成果,达到不劳而获的目的。还有一些人受到金钱的诱惑,大搞学术腐败、科研造假、权学交易,导致专业技术人员的尊严和信誉受到严重损害。

当然,上述现象是比较严重的问题,多数专业技术人员还不至于这样,但是市场经济发展的过程中,专业技术人员在思想、工作、生活上确实不可避免地受到各种各样的冲击,也会遇到个人与他人、个人利益与集体利益的矛盾与冲突以及个人待遇的高与低、工作生活环境上的好与差等现实问题,这会在某种程度上造成少数专业技术人员心理上的错位与不平衡,导致他们变得浮躁、急功近利,不能沉下心来努力学习和工作。由于内生动力不足,一些专业技术人员丧失了职业发展的主动意识,不思进取,得过且过,对于工作采取事不关己、高高挂起的态度;一些专业技术人员工作不用心,在岗不卖力,工作质量不高,没有协作意识,团队精神弱化;一些人生怕自己多干,怕吃亏,懒惰、消极、逃避;有的毫无进取意识,甚至对努力工作的同事冷嘲热讽,处处奚落。

当前,我国正处于社会转型期,社会主义市场经济体制尚不完善,各种竞争机制和约束机制尚不健全,导致一些人心浮气躁、急功近利和唯利是图,这些不良风气也影响到了一些专业技术人员。

每个人在工作和生活中,都会遇到一些困难、挫折,甚至暂时的失败,这需要我们用坚强的意志和充满活力的精神状态加以克服。专业技术人员的职业发展本身是一个艰苦的过程,不可能都那么有趣。这就需要专业技术人员调动坚强的意志品质、积极主动的工作态度和勇于战胜困难的奋斗精神,充分发挥内生动力对于自己的推动作用。

专业技术人员的内生动力,是来自于专业技术人员发自内心的愿望和动力。内生动力足,工作就是快乐的、轻松的、自觉的,充满自我满足和自我实现的愉悦;内生动力不足,工作就是消极的、疲惫的、被动的。内生动力是做好工作的基础,专业技术人员要持续提升职业水平,必须积极主动,充分发挥学习、工作的主观能动性。

第二节　专业技术人员内生动力的培养

一、培养对职业的兴趣

兴趣是人力求认识某种事物或从事某项活动的心理倾向,它表现为人对某种事物或从事某种活动的选择性态度和积极的情绪反应。在职业选择和职业发展的过程中,对某种职业需要的情绪表现就是职业兴趣。职业心理学家研究指出,一个人一生中选择什么样的职业,兴趣占主导地位,有时甚至比能力更重要。兴趣是最好的老师,它可以带领人向着自己所向往的目标迈进。在职业生涯中,人选择职业会受到各种因素的影响,特别是在目前复杂的竞争环境下。如果工作能够与自己的兴趣相契合,那么工作过程就会相当愉快(哪怕是别人看来非常枯燥的工作),并从中感受到无穷的乐趣。可见,专业技术人员培养内生动力,首先要培养对自己选择的职业的兴趣。

用职业兴趣理论来指导职业选择和职业发展已经有近百年的历史,斯特朗(E. K. Strong)和库德(G. F. Kuder)为职业兴趣的系统研究做了全面的准备,他们采用实证法来构建量表,用于记录人对于职业的偏好程度。美国职业指导专家约翰·霍兰德(John Holland)提出了"职业兴趣是人格的体现"——职业人格与环境相匹配的理论,将人的职业兴趣分为:现实型、研究型、艺术型、社会型、企业型和传统型六种职业类型,认为环境为相应人格类型的人发挥其兴趣与才能提供了机会,并强化相应的人格特质和职业兴趣,该理论取得了广泛的支持。

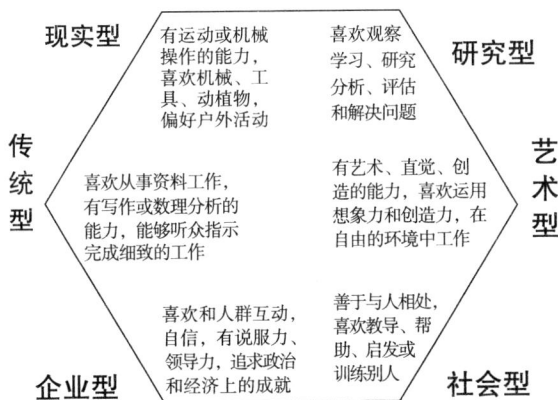

霍兰德职业人格类型

(一)职业兴趣在职业生涯中的作用

古人云:"知己知彼,百战不殆。"在职业生涯中,所谓的"知己"就是自我认识与自我了解;"知彼"就是熟悉周围环境,特别是与职业生涯发展有关的职业世界。我国人事科学研究者罗双平指出,"知己"应该包括对个人性格、兴趣、特长、智能、情商、气质、价值观等的了解;"知彼"包括对组织环境、组织发展战略、人力资源需求、晋升发展机会、政治环境、社会环境、经济环境等的了解。由此可见,兴趣并不是决定职业生涯的唯一要素,而是其中一个影响因素,可以将其作用归结为以下几个方面:

1. 兴趣影响职业定向和职业发展

在求职中,人常会考虑到自己对某方面的工作是否有兴趣。兴趣发展一般经历有趣、乐趣、志趣三个阶段,这三个阶段体现了人对事物的认识过程,是事物发展的不同层次,是由不稳定到稳定的认识过程和心理状态。

人都是有喜好偏向的,同样选择工作也具有兴趣类型的倾向,特别是在外部环境限制度低的时候,这种倾向更加明显。通过对自身条件的认识,包括特长、性格、学识、技能、智商、情商、思维方式等方面的评估、总结,充分地了解自己的兴趣,并正确评估,这对职业生涯的选择有指导作用,同时可以避免在职业规划和职业发展出现"志大才疏"等不务实的现象。

2. 兴趣开发人的能力,激发人的潜能

苏联学者伊凡·叶夫里莫估计:"人类平常只发挥了极小部分的大脑功能,如果人类能发挥大脑一半的功能,将轻易地学会 40 种语言,背诵整本百科全书,拿到 12 个博士学位。"由此可见,人脑的潜能很大,像个沉睡的巨人,等待我们去唤醒、去探索。苏霍姆林斯基还说过:"所有的智力活动都依赖于兴趣。"一个人对某工作感兴趣,会促使他充分调动整个身心的积极性,使情绪饱满,智能和体能进入最佳状态,最大限度地施展才华,挖掘潜力,发挥人的主动性和创造性来完成该项工作。

相关链接

人脑的潜能

据研究表明,人脑的潜能要比许多人所想象的大,人类的脑力只发挥了 10%,这是很高的估算,甚至我们平均只用了 1% 的脑力,这表示人脑尚有无限的潜能待开发,大脑分成两部分——左脑和右脑,左脑因图像而强化,右脑因协调动作而活络。研究显示:任何一个人均具有科学和艺术方面的特殊潜能,如果此时我们的能力偏向某一方面,并不表示另一方面的能力就差,而是因为我们有较多的机会去发展其中的一侧,而忽略了另一侧。

3. 兴趣是提高工作效率、促进事业成功的重要因素

纵观古今,我们不难发现,那些在某一领域作出贡献的著名人物无不是对该领域有着浓厚的兴趣,他们受兴趣的引领和推动,锲而不舍、孜孜不倦地学习和奋斗,最后成为最优秀的成功人士。曾有人进行过研究:如果你从事自己感兴趣的职业,则能发挥你 80%~90% 的才能,而且长时间保持高效率而不感到疲劳;而对所从事工作没有兴趣,只能发挥你 20%~30% 的才能。从事感兴趣的工作不易疲倦,因为我们对它感兴趣就会触动大脑皮层上的兴奋点,这样工作效率就会提高。

另外,兴趣可以增强人的职业适应性。广泛的兴趣可以使人从容应对繁杂多变的环境。即使人变换工作,也能很快地适应和熟悉新的工作。在职业兴趣的引导下,人会以一种乐观向上的态度面对自己所处的职业环境,尽一切努力去适应它,适应本职工作,进入自己的职业角色,使自己在职业生涯中获得更大的发展。

(二)培养自己的职业兴趣

专业技术人员内生动力受诸多方面因素的影响,其中,职业兴趣扮演着重要的角色。专业技术人员可以通过多种途径去改变和培养自己的职业兴趣。

1. 围绕自己的职业，培养广泛的兴趣

在一个创新型的社会里，需要更多的知识和经验，从解决问题的角度来看，所谓"条条大路通罗马"，培养广泛的兴趣有利于拓宽我们的视野，增进我们的经验，因而在解决问题时也可以从多方面得到启发，在职业选择、变动上有较大的余地。兴趣范围狭窄，涉足面小的人，对新事物的适应性就要差些，在职业选择上所受限制也多些。

2. 职业兴趣要形成中心

人的兴趣应广泛，但不能过宽，见一个爱一个的做法是要不得的。要纵横相济，既广且精，才能学有所长，互相融通。历史和现实生活中凡是在事业上取得成功的人，无不是在某个专业领域上投入了大量的心血后才取得的，例如盖茨在西雅图的公立小学和私立的湖滨中学就读时就发现了他在软件方面的兴趣，并且在 13 岁时开始了计算机编程，在大学三年级的时候，他离开了哈佛并把全部精力投入到他与孩提时代的好友 Paul hllen 在 1975 年创建的微软公司中，最终取得了成功。

3. 保持稳定的职业兴趣

人在某一方向有持久的兴趣，能够长时间地工作和钻研，经过经验的累积和能力的提高，才能有所成就。如果三天打鱼两天晒网，见异思迁，就会浮于表面、失去事业成功的基础。

4. 重视培养间接兴趣

直接兴趣是由于对事物本身感到需要而引起的兴趣，间接兴趣则不是事物本身的兴趣，而是对于这种事物未来的结果感到需要而产生的兴趣。人在最初接触某种职业时，往往对职业本身缺乏强烈的兴趣，必须要从间接兴趣着手培养直接兴趣。可以通过了解职业兴趣在社会活动中的意义、对人类活动的贡献等以引起兴趣，也可以通过了解某项职业的发展机会引起兴趣，还可以通过实践逐步提高间接兴趣。

5.积极参加职业实践

只有通过职业实践,才能对职业本身有深刻的认识和了解,才能激发自己的职业兴趣。职业实践活动内容十分丰富,包括生产实践、社会调查、参观访问以及组织兴趣小组等。每一个人都可以通过参加各种职业实践活动调节和培养兴趣,根据社会和自我需要,有意识地去培养和发展兴趣,为事业的成功创造条件。

二、珍惜工作岗位带给我们的发展机会

每个人在漫长的人生中,大部分时间都是在工作中度过的。可以说工作岗位是人生旅途的支撑点,是实现人生价值的基本舞台,珍惜岗位才能把工作做得尽善尽美,进而提高自己的人生价值。一个人有了岗位,其聪明才智才有机会得到发挥,其奋斗目标才有机会去实现。如果连岗位都没有,或者有岗位却不好好珍惜,那么,哪怕有最美好的人生理想、出类拔萃的聪明才智,但最终也不过犹如海市蜃楼,虚无缥缈。由此可见,珍惜工作岗位带给我们的发展机会,意义重大。

何以"惜岗"?怎样"惜岗"?取决于自身认识和具体做法。概括来讲,许多人大致要经历匹配、磨合、融合、升华四个工作阶段。

(一)"岗"我匹配阶段

十年寒窗,数载苦读,每个人都希望在学有所成之后找到一份称心如意的工作;社会同时也在敞开大门寻觅贤能之士,公考、遴选、公选等多种形式;但你选择我,我不一定选择你,匹配之艰难许多人都有体验;选择正确了,大部分人就会坚持下去,选择不正确,跳槽、转岗换单位就成了常态。当前,社会就业压力大,竞争异常激烈,"惜岗"已经从匹配阶段开始了,所谓"今天工作不努力,明天努力找工作",正是告诫那些吊儿郎当、不珍惜工作岗位之人的用语。

(二)"岗"我磨合阶段

选定了职业,确定了岗位,并不是一上手就干得有声有色,必然要经

历一个"岗"我相互磨合的过程,这也是最重要的一个过程。如果磨合得好,就会有认同感,主观上个人因为能出彩而更信赖这份工作,客观上岗位因发挥了最大效能而备受瞩目和重视;如果磨合不好,岗位不仅会在全局工作中失色,自己也会滋生许多弊病,要么怕岗、懒岗,要么轻岗、倦岗,就会后患无穷。这一阶段的"惜岗",主要表现在积极的态度上,要深刻认识岗位的职责范围,明确自己用力的方向,由小到大,由浅入深,循序渐进,脚踏实地的搞好每一项工作,切记好高骛远,贪多求快,拈轻怕重,一曝十寒。

(三)"岗"我融合阶段

这一阶段,岗位和自我已经深深地嵌在一起,有了一种默契的身份认同。岗位就是我们的名片,我们就是岗位的代言人;岗和人就是一个硬币的两面,我们的一言一行会深深地影响自己的工作,我们的职业会制约自己的言行举止;我们所代表的不仅仅是自己,还有自己的职业、身份。这一阶段,因为多年的岗位锻炼,主观能动性发挥太多了,容易产生"轻视岗位、漠视责任"的想法,就会飘飘然起来,心思就会用在"整天瞅着那些待遇高、福利多的岗位,瞄着那些权力大、实惠多的岗位"上,就会"把岗位当作'筹码',稍不如意就'撂挑子',提拔慢了一点就拿工作'撒气'",怠慢岗位、背叛责任。因此,保持恬静淡然,宁静致远是这一阶段"惜岗"的根本做法。

(四)"岗"我升华阶段

认真工作就会有回报。现实生活中,经常听到"岗位重要而不是人重要"的说法,固然有一定的道理,但是也未必尽然。所谓有"人以岗名",亦有"岗以人名"。一个人手握重权时,或许是对"人以岗名"的最好诠释,人们知道你、敬畏你,是因为你在岗;反过来,一个默默无闻的人辛勤耕耘,寓平凡于伟大,因为他,人们了解了他的岗位,重视他的工作,正是"岗以人名"的写照。因此,只要在岗位上肯于实践探索,开拓创新,就可以创造不平凡的业绩。认真工作是提升能力、促使进步的最有效的途径。有许多人，文凭并不高，书本知识掌握得很少，但因为珍惜岗位，认真工作，在以后的工作岗位上创造了卓著功勋、斐然成绩；反过来，仅拿一纸文凭，优游不迫，必然一事无成。岗我升华是一个超越自我的阶段，你的杰出表现为你赢得了荣誉，赢得了地位，赢得了升迁的机会，你从一个层次进入更高的层次，你的人生价值不断地被刷新。

珍惜自己的工作是一条实现人生价值的必经之路。专业技术人员只有踏踏实实，充分用好自己在工作岗位上的每一天，刻苦钻研，奋发图强，才能打开通往成功的机会之门。

第三节　专业技术人员内生动力的积蓄

一、学会自我激励

有人说激励是行动的钥匙、潜能开发的按钮，它能点燃热情的火焰，打开心智的门户，甚至使懒惰者变得勤奋，使愚笨者变得聪明，使平凡者变得伟大……任何人都需要激励。激励的办法有多种多样，一个善于自我激励的人，可以在各种条件下用各种各样的办法使自己获得激励。

德国专家斯普林格在其所著的《激励的神话》一书中写到："强烈的自我激励是成功的先决条件。"人的一切行为都是受激励产生的，通过不断的自我激励，就会使你有一股内在的动力，朝所期望的目标前进，最终达到成功的顶峰——自我激励是一个人迈向成功的引擎。

自我激励是一种积极向上、超越自我的心理历程。人生是否成功，除了与外部环境有关，更与自我激励有关。科学家对创造型人才的调查和研究表明，创造型人才的一个主要特征是不怕失败，有强烈的自信心。美国的心理学家曾做过一项研究研究，他们对具有较高智力的学生进行长期的跟踪调查,发现有着相似的智力、相似的成绩的学生,几十年后的成就相差很大,究其原因,不是智力的差异,而是人格特征方面的不同。有成就的人大都坚定,努力,敢于怀疑,有很强的自信心。正是这种对于自我的相信和激励,使他们勇于实践,敢于坚持,最后取得成功。自我实现,是自我激励的最高境界,也是马斯洛需求理论最高层级,他认为自我实现的需要是最高等级的需要。满足这种需要就要求完成与自己能力相称的工作,最充分地发挥自己的潜在能力,成为所期望的人物。这是一种创造的需要。有自我实现需要的人,似乎在竭尽所能,使自己趋于完美。

一份发表在《心理学前沿》杂志上的研究表明,告诉自己"我能做得更好"真的可以让你更好地完成任务。这项研究是这样的:英国BBC实验室的安德鲁·雷尼教授和同事测试了有哪些心理方法能帮助人们在一款游戏中提高分数。这份超4.4万人参与的实验表明,激励方法在激发潜能方面的确有作用。

这项复杂的研究测试了自我激励、意象及假定规划等激励方法是否对任何任务都有效。在任务的每个部分,那些利用自我激励方式告诉自己"下次我能做得更好"的人,表现要好于参照组。尤其在以下4个方面分数提高明显:结果激励(告诉自己,"我可以超越自己最好成绩"),过程激励(告诉自己,"这次我可以反应更快"),结果意象(想象自己在游戏中正超越以前的最好成绩),以及过程意象(想象自己在游戏中反应速度比上次更快)。

成功的自我激励包括两个层面:一是通过自我鞭策保持对学习和工作的高度热忱;二是通过自我约束以克制冲动和延迟满足。拿破仑·希尔在《心理创富法》一书中,首次提出了自我激励的六个步骤:(1)你要在心里,确定你希望拥有的财富数额——散漫地说我需要很多很多钱是不行的!你必须确定你要钱的财富的具体数额。(2)确确实实地确定你要付出多少劳动、代价才可以换取到你所需要的钱——世界上没有不劳而获的事。(3)规定一个固定日期,一定要在这日期之前把你的钱赚到手——没有时间表,你的船永远不会"泊岸"。(4)拟定一个实现你理想的可行性计划,并马上进行——你要习惯"行动",不能够再单纯"空想"。(5)将以上四点清楚地写下——不可以单靠记忆,一定要落实于白纸黑字。(6)不妨每天两次,大声朗读你写下计划的内容。一次在晚上就寝前,另一次在早上起床后——当你朗读的时候,你必须看到、感觉和深信你已经拥有这些钱!从表面上看,这几个步骤很简单,但是拿破仑·希尔强调:"对一些没有接受过严格心灵锻炼的人来说,以上六个步骤是'行不通'的……请你先记住,将这些步骤传下来的人不是没有完善意识和创富勇气的平庸之辈,而是世界上经济和政治领域中颇为成功的一些杰出人物。"

对任何人来说,生命都需要激励,学习和工作更需要有激励。专业技术人员工作中难免会遇到各种各样的困难,有可能使对自己的能力产生怀疑,所以必须要不断地进行自我激励,以维持强烈的内生动力和高水平的自我效能。

二、激发工作激情

比尔·盖茨说:"每天早晨醒来,一想到所从事的工作和所开发的技术将会给人类生活带来巨大影响和变化,我就会无比兴奋和激动。"从这段话中看得出来,满怀激情工作,是比尔·盖茨成功的重要原因之一。激情能让我们保持积极的工作状态,产生克服困难的力量。

激情,是一种强烈的情感表现形式。往往发生在强烈刺激或突如其来的变化之后。具有迅猛、激烈、难以抑制等特点。人在激情的支配下,常能调动身心的巨大潜力。激情是一种精神特质,代表一种积极的精神力量,这种力量不是凝固不变的,而是不稳定的。不同的人,激情的强烈程度与表达方式也不一样。但总的来说,激情是从来就具有的,善加利用,可以使之转化为巨大的能量。

专业技术人员在职业生涯中,要想与别人竞争,要想做出创造性的工作,必须保持一股工作的激情。所以,这里提出了"激情加油站"的概念。所谓"激情加油站",就是在心理中枢系统经常不断地激发兴奋神经,把心理因素转化成工作激情。当然,不是让你榨干激情,而是疏通情感渠道去补充热情,从而起到加油站的作用。像没有汽车加油站,汽车就不能跑长途一样,激情不加油,职业活动也不能维持长久。只有当激情发自内心,又表现成为一种强大的精神力量时,才能征服自身与环境,创造出日新月异的生涯成绩,使你在激烈的竞争中立于不败之地。

已经工作的人都知道,最初接触一项工作的时候,由于陌生而产生新奇,于是我们千方百计地了解和熟悉工作、干好工作,这是主动探索事物秘密的心理在职业生涯中的反应。而一旦熟悉了工作性质和程序,日常习惯代替了新奇感,就会产生懈怠的心理和情绪,容易固步自封而不求进取。这种主观的心理变化表现出来,也就是情绪的变化。

同样一份职业,由同一个人来干,有热情和没有热情,效果是截然不同的。前者让人变得有活力,工作干得有声有色,创造出辉煌的业绩;而后者,让人变得懒散,对工作冷漠处之,当然也不会有什么发明创造,潜在能力也无所发挥;你不关心别人,别人也不会关心你;你自己垂头丧气,别人自然对你丧失信心;你成为这个职业群体里可有可无的人,你也就等于取消了自己继续从事这份职业的资格。可见,培养职业激情,是至关重要的事情。

实际上,每个人都有理由充满工作激情,只要自己认为是理想的职业,就应该是热爱的,热爱也就自然珍惜。但有些职业在经过深入了解以后,可能会感到无非如此,用不着付出多大努力,便以例行公事的态度从事之。这个时候,你可能正在丧失把握职业的主动权。再熟悉的职业,再简单的工作,都不可掉以轻心,都不可没有激情。如果一时没有焕发出激情,那么就强迫自己采取一些行动,久而久之,就会逐渐产生激情。假使你相信自己从事的职业是理想的,千万别让任何事情阻止了你的激情工作。

世上许多做得极好的工作,都是在激情的推动下完成的。工作激情是一种洋溢的情绪,是一种积极向上的态度,更是一种高尚珍贵的精神,是对工作的热衷、执着和喜爱。它是一种力量,使人有能力解决最艰深的问题;它是一种推动力,推动着人们不断前进。工作热情并不是身外之物,也不是看不见摸不着的东西,它是一个人生存和发展的根本,是人自身潜在的财富。

思考探讨

1. 专业技术人员内生动力应如何培养?

2. 专业技术人员如何培养对职业的兴趣?

3. 专业技术人员如何进行自我激励?

第四章　专业技术人员内生动力的持续

第一节　专业技术人员学习动机的培养与发展

学习动机是激发个体进行学习活动、维持已引起的学习活动,并使个体的学习活动朝向一定的学习目标的一种内部启动机制。它与学习活动可以相互激发、相互加强,贯穿于某一学习活动的全过程。学习动机可以加强并促进学习活动,学习活动又可激发、增强甚至巩固学习动机。专业技术人员要保持内生动力的持续、持久,必须培养与发展学习动机,加强学习活动。

一、学习动机的基本结构

在实际学习过程中,学习的动力因素很多,但大体上可归为两类,一类是发自个体内心的认知欲构成认知内驱力,由认知内驱力形成的学习动机称为学习需要;另一类是来自外界的诱因构成的学习驱动力,由外界的诱因形成的学习动机称为学习期待。

学习需要的表现形式体现在学习者的学习愿望或学习意向,包括学习的兴趣、爱好和学习的信念等,这种学习的愿望或意向主要是从人类原始的好奇心和探究欲中派生出来的,是驱动个体积极投入学习的根本动力,是学习的内驱力。外界诱因是指能够激起个体的定向行为,并能满足某种需要的外部条件或刺激物。这些诱因激发个体朝某一目标行动。在学习活动中对所要达到目标的主观估计即是学习期待,学习期待是构成学习动机的另一个基本要素。学习期待就其作用来说就是学习的诱因,形成的是一种拉力作用。

此外,客观现实常常对学习者提出某些要求,由于个体对客观现实有依赖和归属等情感,一些来自客观现实的要求会迫使个体从事学习活动,这些要求对学习来说是压力,难以独立、持久地起作用,必须真正地转化为学习需要或学习期待才能发挥其动力作用。

二、学习动机在学习活动中的地位

在学习活动中,与学习动机有关的各因素、学习活动方式以及学习结果相互作用,共同构成学习活动的动态作用过程。

认知欲和诱因是形成学习动机的根本动力因素,认知欲和诱因作用于个体身上会产生认知不平衡或认知冲突的情境,这种情境称为问题情境。问题情境与学习情境和学习者个体特征紧密相关。其中学习情境包括学习任务的难易程度、有趣性、评价者及其评价方式、潜在的奖励或惩罚等。学习者个体特征除个体认知欲和对诱因的敏感度外,还包括学习者的认知能力,有关自己能力的看法与评价,对有可能影响最终学习结果的一些因素的看法、习惯性的归因方式,个人的价值观与兴趣,估计任务难度的方式、方法、情感状态等。

相关链接

问题情境

心理学研究也表明,思维总是在一定的问题情境中产生的,思维活动就是不断地发现问题和解决问题的过程。所谓问题情境,就是指一个人觉察到的一种有目的但又不知如何达到的心理困境,问题情境的核心是呈现出的新问题,它与学生原有的知识、经验相冲突,导致认识失衡,从而产生思维动机。创设恰当的问题情境,可以遵循目的性原则、适宜性原则、顺序性原则和启发性原则。

学习动机可通过外在的学习活动方式反映出来。学习动机可以使个体的学习行为朝向具体的目标并为达到目标而努力,激发和维持个体的学习活动,提高其学习能力,改善其学习行为,使其积极主动、认真持久地投入到学习活动中。

学习的活动方式产生某种学习结果,而这些结果反过来又以多种渠道、多种方式直接或间接刺激个体的情感、信心和意志等个体特征,使这些个体特征发生变化,极大地影响新学习动机的产生,从而对将来的学习活动具有间接影响。

三、学习动机的动力功能

学习动机是由个体的学习需要所引起的,直接推动个体进行学习活动的内部动力,即个体进行和维持学习活动的主观原因。学习动机是有效地进行学习的必要因素。学习动机的主要功能有以下三个方面:

第一,具有引起学习行为的激活功能,即唤醒或增强学习行为,维持个体的兴趣和觉醒状态,为集中有意识地学习活动提高能量。例如:当个体因解决某种课题而缺乏有关知识或方法时,就会出现焦虑不安的内心紧张状态。为克服这种状态,个体就会采取各种行为模式,使用过去获得的最适当的行为模式或者是新的行为模式。这种能量就成为驱使个体采取某种行为的原动力。

第二,具有将个体的行为引向某一特定目标的指向功能,即选择学习行为的方向。如:俄语专业的学生自然会利用较多的课余时间去阅读俄罗斯作家的作品,看一些有关俄罗斯的资料。因为他觉得,了解俄罗斯的历史、文化等知识对自己的专业有益。这种使个体的行为趋向某一方向的强度称为"诱发力"。诱发力与个体对目标期望的强度相一致,而期望的强度又是以个体过去的经验为转移的。

第三,具有强化学习效率的强化功能。可以设想,学习动机越强,学习劲头就会越高涨,学习效率也就会越高。但是在现实生活中,我们会经常遇到这样的情况：有的人平时学习很认真，考前复习也很努力，但考试成绩往往不理想。这是因为学习动机过强时，个体处于紧张状态中，使自身的注意力和知觉的范围过窄。这样反而限制了正常的学习活动，降低了学习效率。因而，为使学习卓有成效，就要避免学习动机过强，要保持学习动机强度的最佳水平。只有这样，才能对学习行为起正强化的作用。

四、学习动机的种类

学习活动中动机的作用是复杂的。了解和掌握个体学习动机的类型和特点，有利于进行有效的教学。

（一）高尚的、正确的动机和低级的、错误的动机

根据学习动机内容的社会意义，可以分为高尚的与低级的动机或者是正确的与错误的动机。高尚的、正确的学习动机的核心是利他主义，把当前的学习同国家和社会的利益联系在一起。例如，大学生勤奋、努力学习各门功课，是因为他们意识到自己在不久的将来是国家建设的中坚力量，肩负着祖国繁荣昌盛的重任，所以当前要打好基础，掌握科学知识。低级的、错误的学习动机的核心是利己的、以自我为中心的，学习动机只来源于自己眼前的利益。

（二）近景的直接性动机和远景的间接性动机

根据学习动机的作用与学习活动的关系，可以分为近景的直接性动机和远景的间接性动机。近景的直接性动机是与学习活动直接相连的，来源于对学习内容或学习结果的兴趣。例如，学生的求知欲、成功的愿望、对某门学科的浓厚兴趣，以及教师生动形象的讲解、教学内容的新颖等都直接影响到学生的学习动机。这类动机作用的效果比较明显，但稳定性比较差，容易受到环境或一些偶然因素的影响。

远景的间接性动机是与学习的社会意义和个人的前途相连的。例如，大学生意识到自己的历史使命，为不辜负父母的期望，为争取自己在

班集体中的地位和荣誉等都属于间接性的动机。那些高尚的、正确的间接性动机的作用较为稳定和持久,能激励学生努力学习并取得好成绩。而那些为父母、教师的期望或是为了自己的名声、地位的动机作用的稳定性和持久性相对比较差,容易受到情境因素的冲击。例如,在学习活动中遇到困难是常事,但受低级的、错误的间接性动机支配的学生在这种时候容易出现情绪波动,缺乏克服困难的勇气与力量,常常半途而废。

(三)内部学习动机和外部学习动机

根据学习动机的动力来源,可以分为内部学习动机和外部学习动机。内部动机(intrinsic motivation)又称内部动机作用,是指由个体内在的需要引起的动机。例如,学生的求知欲、学习兴趣、改善和提高自己能力的愿望等内部动机因素,会促使学生积极主动地学习。外部动机(extrinsic motivation)又称外部动机作用,是指个体由外部诱因所引起的动机。例如,某些学生为了得到教师或父母的奖励或避免受到教师或父母的惩罚而努力学习,他们从事学习活动的动机不在学习任务本身,而是在学习活动之外。

研究表明,内部动机可以促使个体有效地进行学习活动,具有内部动机的个体渴望获得有关的知识经验,具有自主性、自发性。具有外部动机的个体的学习具有诱发性、被动性,他们对学习内容本身的兴趣较低。

当然,内部学习动机和外部学习动机的划分不是绝对的。由于学习动机是推动人从事学习活动的内部心理动力,因此任何外界的要求、外在的力量都必须转化为个体内在的需要,才能成为学习的推动力。在外部学习动机发生作用时,人的学习活动较多地依赖于责任感、义务感或希望得到奖赏和避免受到惩罚的意念。从这个意义上说,外部学习动机的实质仍然是一种学习的内部动力。因此,专业技术人员内生动力的培养不仅要注重内部学习动机,同时也要重视外部学习动机的作用。一方面,应逐渐使外部动机作用转化成为内部动机作用;另一方面,应利用外部动机作用,使已经形成的内部动机作用处于持续的激发状态。

五、学习动机需要的培养与发展

(一)利用学习动机与学习结果的互动关系培养学习需要

学习动机通过外在的学习活动方式产生学习结果,学习结果又通过影响学习情境和学习者的个体特征反作用于学习动机。如果学习结果好,学习效果与学习中所付出的努力和辛劳成正比,这将使个体认可学习情境,增强其学习自信心,巩固求知欲,从而推动新的学习需要的形成与强化。反之,如果学习结果不理想,个体的自信心将会受到一定程度的影响或打击,这会带来个体学习需要的削弱,学习热情和积极性的降低,从而导致新的更差的学习结果,形成学习上的恶性循环。

如何使非适应性的学习动机模式转变成适应性的学习动机模式,可以从以下两点入手:一是从个体的成败体验入手,要创造不同的机会,通过适当的教学技巧让个体获得更多的学习成就感,增强其自信心。因此,在教学活动中,要注意以下几个问题:(1)实施多元和阶段性的评价,保证每个个体都有不同形式的成功体验;(2)学习任务不能太难,也不能太简单,只要个体经过一定努力就能完成并获得较好的学习结果即可;(3)学习任务应是由易到难渐进阶段式呈现,在每阶段都有恰当方式的评价,从而给个体带来更多不断的成功感。二是从基础知识入手,弥补个体的基础知识和基本技能,消除其个体特征方面的缺陷,从而产生有效可靠的问题情境。

(二)利用直接发生途径和间接转化途径培养学习需要

1.直接发生途径。即因原有学习需要不断得到满足而直接产生新的学习需要。随着年龄的增长及成长环境的变化,个体的认知兴趣逐渐稳定和分化,形成了各自的认知特征和认知结构体系,并催促其积极寻找满足自己认知需求的途径和方法。当一个认知需要得到满足,一方面对兴趣对象有了更深更全的认识;另一方面对自己的不足的认识也更加清晰明确,从而引发对未知领域的探究,形成新的学习需要。因此,应组织信息量大、有吸引力的教学内容,尽量使个体原有的认知需要得到满足,从而催生新的学习需求。

2.间接转化途径。即新的学习需要由原来满足某种需要的手段或工具转化而来。通过组织各种活动,创造各种机会,满足个体多方面的认知需要,在这些需要得到满足的过程中,有可能新的学习需要产生了。

六、学习动机的激发

(一)巧设问题情境,促进学习动机的产生

个体的学习需要、学习愿望是在一定情境中发生的,但并非所有的情境都能激发个体的学习需要和学习愿望。通常,带有探究性的问题情境才对具有较强的吸引力,才能对个体的学习动机起到强烈的激发作用。在创设问题情境时,可从以下几个方面来考虑:(1)把课堂安排成一个有效的学习环境,在这个学习环境中个体能得到鼓励和帮助,并乐于智力冒险而不必担心犯错误而导致批评。(2)适当的挑战与困难水平。这就要求在掌握教材的内容和结构的基础上,根据个体的认知结构,使教学内容与个体已有知识水平之间保持适当的跨度。(3)设计适合个体情趣口味的教学。运用多样化的例证、活动及个体感兴趣的其他内容来达到课程目标。(4)引起不协调或认知冲突。引导个体对所熟悉的课题进行逆向思维,指出已知事物的出人意料、含混不清及不合常规的方面。(5)引起好奇或悬念。好奇或悬念可以引导个体进入一个积极的信息处理或问题解决过程中。

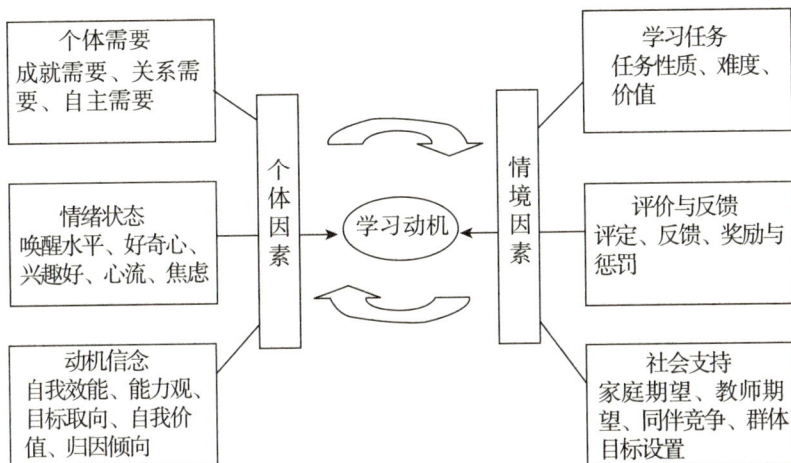

学习动机的整合模型

（二）有效利用外部激励机制，强化个体的学习动机

对好成绩或进步给予及时、真诚和恰如其分的奖励。除分数外，还可以是物质奖励、特别的权利、精神奖励、表扬和社会尊重等。但是表扬、鼓励过多或使用不当，也会对学习动机有一定消极作用。

善于运用反馈信息。学习结果的相关反馈信息多种多样，对个体的学习动机起着重要的影响，只有正确运用，才能激发和强化个体的学习动机。要坚持正面教育和表扬为主，对个体学习结果所作的反馈信息必须客观、公正和及时，照顾不同的人的个体特征。

组织适当的竞赛。通过竞赛，可以充分利用这一心理特征来激发个体的学习动机，当然，竞赛只能作为培养和激发学习动机的辅助手段，不能过分夸大其作用。竞赛的内容设计及奖励最好依据简单技巧的掌握而不是探索问题或发现问题，要让所有的人都敢于参与并从中获得体验。

（三）培育自我效能感，增强个体成功的自信心

自我效能感影响个体的自我评价和自信心，进而影响学习动机。改变和提高个体的自我效能感可采取以下措施：

首先,选择难易适中的任务,让个体不断地获得成功体验,进而提高自我效能感。要善于发现每个人的专长与潜能,给予充分的展示机会,使其获得更多成功体验,从而树立起更强的自信心。其次,引导个体坦然面对失败,这与取得成功时的鼓励同样重要。对失败的不恰当归因,会使人产生无助感,诱发消极的心理防御,有的还会采取退避行为。因此,在学习受到挫折时,应根据每个人的个体差异,进行相应的积极归因,引导个体进行积极的自我效能评价,增强其获得成功的自信。

第二节　专业技术人员的职业习惯养成

美国作家杰克·霍吉在他的名著《习惯的力量》中说,习惯是一种重复性的、通常为无意识的日常行为规律,它往往通过对某种行为的不断重复而获得。英国哲学家培根说:"习惯真是一种顽强而巨大的力量。它可以主宰人生。因此,人自幼就应该通过完美的教育,去建立一种好的习惯。"对于专业技术人员来讲,养成良好职业习惯是保持内生动力持久的一项重要因素。

一、培养积极的职业心态

为什么有些人在职业生涯中就是比其他人更成功? 收入高、职位好、人际关系友善、身体健康、整天快快乐乐,而有些人则收入不高,整日闷闷不乐、牢骚满腹。其实人与人之间并没有多大的差别,差别很大的原因可能在于很多方面,心理学家发现,一个很重要的因素就是人的心态。

可以说,影响人一生和职业生涯的决不仅仅是人的职业环境,对待职业的心态更直接地影响个人的行动和思想。同时,心态也决定了一个人的视野、事业和成就。一位哲人曾经说过:"心态是真正的主人,心态决定谁是坐骑,谁是骑师。要么去驾驶命运,要么命运驾驶自己。"

20~30 岁,这一时期一般从学校正式走上职场,是职业生涯的初始和基础阶段。如何起步,直接关系到以后的发展方向。这一时期主要任务之一,就是择业,在正确做好自我分析和主客观环境分析的基础上,既有正确的职业态度,显得尤为重要。年轻人步入职场,拥有一个健康积极的心态,对未来的发展影响极大,有些人总是认为自己有知识、有文化,到工作单位后不屑于做一些零星的小事,从而给上司和同事们留下不太好的印象,这对年轻人的发展而言可以说是一个危机。高估或者低估自身的竞争力以及"面子"观念作祟,都会影响自身的职业发展。摆正位置,端正心态,这是非常关键的。

下面就以对比心态为例说明心态的重要性。据报载,在庆祝中日邦交 20 周年而举办的晚会上,倪萍作为中方主持人与日方主持人翁倩玉共同主持了这场在日本现场直播的晚会,然而两个人在主持过程中待遇却不尽相同,换衣服,主办方专门为翁倩玉搭了木房子,倪萍没有专门的场所,只能在小树林里换;吃饭时,给翁倩玉端来的是特质的小点心,接着又是麦当劳,倪萍什么都没有,与其他人排队买盒饭;给翁倩玉服务的有几个人,拿衣服的、跑腿的、端茶倒水的十分周到,倪萍是自己服务,拿着几个塑料袋,装着衣服、鞋子、化妆品。

每个人在职场中,由于各种原因,都有可能遇到不公平的待遇,作为知名主持人的倪萍也未能幸免。其实这是很正常的事情,但是有些人会很恼火,乃至愤愤不平,甚至会做出强烈的反应,从心理学的角度来看,这种表现是当事人对比心态作用的结果。对比心态是人们在同一时空环境中,以同类人员作为参照,自发进行的一种横向对照和评价的心理过程,产生这一心理过程通常需要以下两个条件。

1. 可比事物之间具有共同的属性

即形成对比的事物之间具有某一方面的共性,或是同一类型。如果双方没有共同属性,不可比较,那么对比心态就没有基础。试想,如果倪萍与翁倩玉一个是主持人,一个是观众,身份不同,那么在待遇上的差别再大,也不会诱发对比心理活动。

2.可比事物之间具有接触的机会

即两个事物能直接比较,彼此都在对方视界范围内,形成刺激,产生心理反应。换言之,即使同类事物具有可比性,但不再一个场合,彼此互不影响,依然不会出现因反差强烈而引起心态对比。试想,如果翁倩玉与倪萍并未在同一个舞台上主持节目,一个在日本主持,一个在中国主持,那么在待遇上的反差再大也难以形成对比刺激,自然就不会导致心态失衡。

事物之间的可比性越强,彼此越是接近直观和直接,对比心态就表现得越强烈。当自我评价与参照物之间形成明显的反差时,处于劣势的一方心态就会出现倾斜,并在情绪上、言行上做出相应的反应。表现出失落惆怅、怨气很大或虚荣攀比、盲目扯平等消极反应。在职场中,最常见的就是职位、薪水方面的对比。那么,对于这种不良的心态应该如何克服和避免呢?

首先,当面对明显的反差时,勿过分计较个人的得失,应从大局出发,让理智有效的控制感情,平和心态,这样有助于避免不良心态的滋生和发展。倪萍事后说,尽管有种种不便,但站在台上主持节目时,依然精神振奋,热情洋溢,因为感觉到背后是伟大的祖国。这句话表现了很高的思想境界,在强烈的反差面前,以很高的觉悟力和控制力,把个人的自尊和国家的自尊联系在一起,从更高的层次上把握和稳定住了波动的情绪。上述事例说明,在明显不公的情况下,只要胸怀大局,个人待遇上的一些差别就会显得微不足道,心态就会恢复平和,在言行上做出得体的选择。

其次,有意识地改变对比的内容,努力创造优势,改变不利的对比反差,从而达到心态平和。上述事例同样说明,在个人待遇差别巨大的情况下,倪萍以出色的表现,赢得了国内外观众的一致好评,在心理上得到了补偿。因此在对比反差强烈的情况下,只要发挥主观能动性,创造自己的优势,就可以建立心态平和的新支点。

从以上事例不难看出，一个人的职业生涯是否成功，心态极其重要，职场成功人士和失败人士之间的差别就在于：成功人士始终用最积极的思考、最乐观的精神和最有价值的经验调整和把握自己的职业生涯；失败人士则恰恰相反。

二、制订清晰的目标规划

（一）目标必须清晰而明确

目标，就是我们的奋斗方向。一个目标并不只是一个设想，而是一个得以实施的设想。一个目标不只是模糊地"希望我能"，而是明确的"这是我的奋斗方向"。

有成就的人物，最明显的特征就是在做事之前就清楚地知道自己要达到一个什么样的目的，清楚为了达到这样的目的，哪些事是必需的，哪些事是无足轻重的，他们总是在一开始时就怀有清晰而明确的目标，并且花费最大的心思和付出最大的努力来实现他们的目标。如果我们对达到自己的目标的坚定性已到了执著的程度，而且能以不断的努力和稳健的计划来支持这份执着的话，那么我们就已经是在发展自己的明确目标。从明确目标中会发展出进取心、想象力、热忱、自律和全力以赴，这些都是获得成功的必备条件。

（二）制定能使自己攀登新高度的目标

从现代人的观点看来，所谓"顶点"，也就是一个人铆足了劲儿努力逼近既定目标所能达到的最好水平。事实上，人生的大目标是动态的，不断发展的，就如同珠穆朗玛峰至今仍在不断升高，即使你曾经达到过她的"顶点"，却不可以说永远征服了她的高度那样。所以，人生需要不断地为自己确立新的攀登的高度。正如歌德所说："人生在世，仅此一遭，一个人要有力量和前途，也仅此一遭！谁不好好利用一番，谁不好好大干一场，那就是傻瓜！"这是从一个顶点到达另一个顶点的人生气魄，是变顶点为新的起点的人生艺术。当一个人毅然从顶点折回时，貌似急流勇退,实则是向另一个顶点进军的准备,就如同过山车的俯冲不是坠落,而是积蓄再一次爬升的动能那样。

当一个人实现了所期望的目标后,若要继续维持先前的热情和冲劲,那就得立即再制订出一个足以让自己动心的目标,如此将可以使自己先前实现目标的兴奋心情,不落痕迹地投注到另一个新目标上,让自己能够继续成长下去。若无成长的动机,人生就会停滞,人的老化不始于肉体,而是始于精神。

(三)实现目标必须遵循的准则

目标是为了实现而制订的,它必须遵循一定的准则,以确保其可行性。

1.确定目标以积极、正向的方式表达

一个好的、能实现的目标首先必须是通过一种正向的表达方式。什么是正向方式?正向就是你"想要"的是什么,而不是你"不要的"是什么。许多人往往忽略了这一点,他们所拥有的是一个负向的目标。比如我们经常听到的负向目标就是"减肥"与"戒烟",之所以许多人都不能成功,原因之一就是它们都以负向的方式表达。为什么目标以负向方式表达就不易达成呢?

负向目标就好比你去超市买东西,而你所列的清单是这样的:不买可乐、不买洗衣粉、不买茶杯……如果这样,你很难买回你所要的东西。因此,当你拥有一个负向目标的时候,应将其转为正向的,转换的方法是你可以自问"我如果得到了这个目标,它会带给我什么",或"我到底要什么不同的",这样你会明晰地知道什么才是你从心底想追求的东西。

2.目标一定要有时限

你还必须清楚的是:要用多长时间达到目标。设定一个实际的时限,如果可能的话,要有确切的日期。没有一个时间限制,再有价值的目标也只能是水中月、镜中花。如果没有一个具体期限,你就不可能全力以赴去实现目标。你不知道该如何分配自己所拥有的资源,目标也因此变得遥遥无期。在我们的生活中,常常会听到这样的话:"我会尽快完成这件事的。"尽快,有多快? 一段看似很短的时间,也可以变得不可期。没有时间期限,就等于没有承诺。如果你不愿意为自己的目标制定一个时限,那么它就可能永远呆在你的期望里。

3. 要有及时的信息反馈

没有任何关于达到目标的反馈信息,也是很难实现目标的,并且这个反馈信息的时间间隔越短越好。比如说学习外语,你每周有一次测验,但要隔一周才能知道测试结果,当你得到反馈时,你早已忘了上次测验,并持续同样的错误好一阵子了。行动与反馈间隔的时间愈短,就愈容易从中学习并校正原先的行为。

三、坚持终身学习

世界知名的美国学者、《第三次浪潮》作者阿尔文·托夫勒在 20 世纪 90 年代就说过这样的话,他说:"未来的文盲不再是不识字的人,而是没有学会学习的人。"在他一系列具有广泛影响的未来学著作当中,阐述的核心理念就是,面对着以几何级速度不断翻新的信息洪流,一个希望获得成功的人,应该具备的素质不再是他已经掌握了多少知识,而是他是否具有用最短的时间、最高的效率,学习并掌握最新知识的能力。

相关链接

阿尔文·托夫勒

阿尔文·托夫勒(1928—2016)未来学大师、世界著名未来学家。阿尔文·托夫勒当今最具影响力的社会思想家之一,出生于纽约,纽约大学毕业,1970 年出版《未来的冲击》,1980 年出版《第三次浪潮》,1990 年出版《权力的转移》等未来三部曲,享誉全球,成为未来学巨擘,对当今社会思潮有广泛而深远的影响。

当今时代,知识的更新变化越来越快,时效性越来越短,大多数教科书变得过时,一个人拥有某种知识的优势正迅速失去,人的一生划分为"教育阶段"和"工作阶段"的表述已成为过去,大学文凭"一朝拥有、受益终生"的时代也早已一去不复返。大学毕业不再是个人受教育的终结,而只是另一种学习的开始。因此,必须秉承"学习永不嫌晚、学习永不嫌多、学习永不嫌累"的精神,生命不息、学习不止,活到老、学到老。

从学习、教育广义的角度而言,可以理解为它是传递社会生活经验和培养人的各种活动的总和。如果连起码的学习教育都没有,人类就不可能实现延续发展。而人类的延续发展是一个无止境的过程,正因如此,终身学习和终身受教育思想古已有之。我国古代教育家孔子主张"有教无类"(《论语·卫灵公》),说的是教育对象不分类别,自然也包括不同年龄的人。北齐的颜之推在其《颜氏家训·勉学篇》中说:"幼而学者,如日出之光;老而学者,如秉烛夜行,犹贤乎瞑目而无见者也。"无疑也是在勉励人们"终身学习"。宋代的欧阳修主张人要不懈地学习和实践,因为"学之终身,有不能达者矣。于其所达,行之终身,有不能至者矣"(《答李翱书》)。鲁迅先生也曾经说过类似的话:"倘能生存,我当然仍要学习。"

相关链接

习近平论学习

本领不是天生的,是要通过学习和实践来获得的。当今时代,知识更新周期大大缩短,各种新知识、新情况、新事物层出不穷。有人研究过,18世纪以前,知识更新速度为90年左右翻一番;20世纪90年代以来,知识更新加速到3至5年翻一番。近50年来,人类社会创造的知识比过去3000年的总和还要多。还有人说,在农耕时代,一个人读几年书,就可以用一辈子;在工业经济时代,一个人读十几年书,才够用一辈子;到了知识经济时代,一个人必须学习一辈子,才能跟上时代前进的脚步。如果我们不努力提高各方面的知识素养,不自觉学习各种科学文化知识,不主动加快知识更新、优化知识结构、拓宽眼界和视野,那就难以增强本领,也就没有办法赢得主动、赢得优势、赢得未来。

——习近平在中央党校建校80周年庆祝大会暨2013年春季学期开学典礼上的讲话

21世纪是以人的全面发展为重点的世纪。无论是作为经济人、社会

人,还是文化人,既没有不学习的人,也没有不学习的工作。社会要求每个成员,包括决策层、管理层、专业层以及操作层各类人员必须具备学习目标、学习精神、学习能力。对于社会来说,学习是每个个人应承担的义务;对于个人来说,学习是社会应赋予的权利。人要充实和发展自己,实现自身价值,要干得出色、活得有意义,就要学习。学习,是人全面发展、创造生活、创造财富、创造思想、创造世界的源泉。学会学习,就要善于不断学习,学会在学习中工作,在工作中学习。

知识管理专家扎波夫说:"学习不再是在教室里或者上岗前的孤立的活动。人们不必撇开工作而专门抽出时间来学习,相反,学习就是工作的核心,学习与效率是同义词。一句话,学习将是劳动的新形式。"毛泽东曾说过:"读书是学习,使用也是学习,而且是更重要的学习。"①学习与工作不再是分开和对立的,已融为一体、密不可分,在干中学,在学中干,学习是劳动的一种新形式。从学习来看,学习已不是闭门造车或学术意义上的学习,而是研究和解决工作中的问题,创造性工作就是学习;从工作来看,工作已不是照葫芦画瓢动动手脚的劳动,而是强调学用结合、知行合一、用脑、用智慧做事,劳动中的学习就是工作,"学"而不"习"则等于没有学。

在如今这个人才竞争激烈的时代,对专业技术人员来讲,唯一的制胜之道就是培养自身的竞争优势与核心竞争力。竞争优势来源于对难以模仿的知识、技能、资源与核心能力的占有。因此,要长期拥有和保持竞争优势,就需要比竞争对手能更持久地创造出核心竞争能力,就需要至少占有一种并不断强化的核心能力。核心能力的开发通常有两种途径:一是开发和学习新的能力;二是强化现存的能力。这两种途径都是通过不断地学习来实现。专业技术人员要提高自身的竞争力,必须坚持终身学习,不断提升自己的职业水平。

---

① 毛泽东:《中国革命战争的战略问题》,《毛泽东选集》第1卷,人民出版社1991年版,第174页。

终身学习

四、有效管理时间

所谓时间管理,是指用最短的时间或在预定的时间内,把事情做好。时间管理所探索的是如何减少时间浪费,以便有效地完成既定目标。时间是指从过去,通过现在,直到将来,连续发生的各种各样的事件过程所形成的轨迹。它具有供给毫无弹性、无法蓄积、无法取代、无法失而复得的四大特性,有效的时间管理具有非常重大的意义。

美国管理学者彼得·德鲁克(Peter F. Drucker)认为,有效的时间管理主要是记录自己的时间,以认清时间耗在什么地方;管理自己的时间,设法减少非生产性工作的时间;集中自己的时间,由零星而集中,成为连续性的时间段。有效的时间管理就是要把所有可利用的时间尽可能地投放到最需要的地方,其关键在于制订合适的时间计划和设置事情的先后顺序。

有效的时间管理可以让专业技术人员提高工作效率,在规定时间内完成超额的任务。有效的时间管理可以让专业技术人员掌握正确的时间管理技巧,制订适合自己的时间管理计划,拥有充分的个人休闲时间。

总之,专业技术人员要培养积极的职业心态、制订清晰的目标规划、坚持终身学习、有效管理时间,这些良好职业习惯的养成,有助于保持内生动力的持久。

思考探讨

1.学习动机的主要功能表现在哪些方面?

2.专业技术人员的学习动机应如何激发?

3.专业技术人员应如何制定目标规划?

第五章　专业技术人员激励与内生动力的激发

第一节　专业技术人员内生动力激发以激励为基础

内生动力,即指推动人们行动的力量。它是人们的愿望、兴趣、理想表现出来的激励人们活动的主观因素。现代心理学将内生动力定义为推动个体从事某种活动的内在原因。具体说,内生动力是引起、维持个体活动并使活动朝某一目标进行的内在动力。激励通常出现在组织行为学中,主要是指激发人的内生动力的心理过程。通过激发和鼓励,使人们产生一种内在驱动力,使之朝着所期望的目标前进的过程。对于专业技术人员来讲,内生动力的激发要以激励为基础。

一、激励的内涵

所谓激励,是指组织通过设计适当的外部奖酬形式和工作环境,以一定的行为规范和惩罚性措施,借助信息沟通,来激发、引导、保持和归化组织成员的行为,以有效的实现组织及其成员个人目标的系统活动。对于专业技术人员的激励,主要包括以下几层含义:

(1)激励的出发点是满足专业技术人员的各种需要,即通过系统地设计适当的外部奖酬形式和工作环境,来满足专业技术人员的外在性需要和内在性需要。

(2)激励贯穿于专业技术人员工作的全过程,包括对专业技术人员个人需要的了解、个性的把握、行为过程的控制和行为结果的评价等。

因此,激励工作需要耐心。

(3)激励需要奖惩并举,既要对专业技术人员表现出来的符合组织期望的行为进行奖励,又要对不符合组织期望的行为进行惩罚。

(4)信息沟通贯穿于激励工作的始末,从对激励制度的宣传、专业技术人员个人的了解,到对专业技术人员行为过程的控制和对专业技术人员行为结果的评价等,都依赖于一定的信息沟通。组织中信息沟通是否通畅,是否及时、准确、全面,直接影响着激励制度的运用效果和激励工作的成本。

(5)激励的最终目的是在实现组织预期目标的同时,也能让专业技术人员实现其个人目标,即达到组织目标和专业技术人员个人目标在客观上的统一。

二、激励的原则

对专业技术人员的激励,主要有以下原则:

(1)目标原则。在激励机制中,设置目标是一个关键环节。目标设置必须同时体现组织目标和专业技术人员需要的要求。

(2)物质和精神激励相结合的原则。物质激励是基础,精神激励是根本。在两者结合的基础上,要逐步过渡到以精神激励为主。

(3)明确性原则。激励的明确性原则包括三层含义:一是明确。激励的目的是需要做什么和必须怎么做;二是公开。特别是分配奖金等大量员工关注的问题时,公开更为重要。三是直观。实施物质奖励和精神奖励时都需要直观地表达它们的指标,总结和授予奖励和惩罚的方式。直观性与激励影响的心理效应成正比。

(4)引导性原则。外部激励措施只有转化为专业技术人员的自觉意愿,才能取得激励效果。因此,引导性原则是激励过程的内在要求。

(5)按需激励原则。激励的起点是满足专业技术人员的需要,但专业技术人员的需要因人而异、因时而异,并且只有满足最迫切需要(主导需要)的措施,其效价才高,其激励强度才大。因此,必须深入地进行调查研究,不断了解专业技术人员的需要层次和需要结构的变化趋势,有针对性地采取激励措施,才能收到实效。

(6)正激励与负激励相结合的原则。所谓正激励就是对专业技术人员的符合组织目标的期望行为进行奖励。所谓负激励就是对专业技术人员违背组织目的的非期望行为进行惩罚。正负激励都是必要而有效的,不仅作用于当事人,而且会间接地影响周围其他人。

(7)时效性原则。要把握激励的时机,"雪中送炭"和"雨后送伞"的效果是不一样的。激励越及时,越有利于将专业技术人员的激情推向高潮,使其创造力连续有效地发挥出来。

相关链接

激励的构成要素

激励由以下五个要素组成:激励主体,指施加激励的组织或个人;激励客体,指激励的对象;激励目标,指激励主体期望激励客体的行为所实现的成果;激励因素,又称激励手段,或激励诱导物,指那些能导致激励客体去进行工作的东西,可以是物质的,也可以是精神的。激励因素反映人的各种欲望;激励环境,指激励过程所处的环境因素,它会影响激励的效果。

三、正确运用激励原则

正确地运用激励原则,可以提高对专业技术人员激励的效果。激励原则的运用应注意到以下因素:

(一)准确地把握激励时机

从某种角度来看,要根据具体情况决定把握激励时机。激励在不同时间进行,其作用与效果是有很大差别的。打个比喻,厨师炒菜时,不同的时间放入味料,菜的味道和质量是不一样的。超前激励可能会使专业技术人员感到无足轻重;迟到的激励可能会让专业技术人员觉得画蛇添足,失去了激励应有的意义。

激励如同发酵剂,何时该用、何时不该用,都要根据具体情况进行具体分析。根据时间上快慢的差异,激励时机可分为及时激励与延时激励;根据时间间隔是否规律,激励时机可分为规则激励与不规则激励;根据工作的周期,激励时机又可分为期前激励、期中激励和期末激励。激励时机既然存在多种形式,就不能机械地强调一种而忽视其他,而应该根据客观条件进行灵活选择,更多的时候还要加以综合运用。

(二)采取适当的激励频率

激励频率是指在一定时间进行激励的次数,通常以一个工作学习周期为其时间单位。激励频率与激励效果之间并不是简单的正比关系,在某些特殊条件下,两者可能成反比关系。因此,只有区分不同情况,采取相应的激励频率,才能有效发挥激励的作用。激励频率选择受到多种客观因素的制约,包括工作的内容和性质、任务目标的明确程度、专业技术人员的自身素质以及工作条件和环境等。

对于工作复杂性强,比较难以完成的任务,激励频率应当高;对于工作比较简单、容易完成的任务,激励频率就应该低;对于任务目标不明确、较长时期才可见成果的工作,激励频率应该低;对于任务目标明确、短期可见成果的工作,激励频率应该高;对于各方面素质较差的专业技术人员,激励频率应该高,对于各方面素质较好的专业技术人员,激励频率应该低;在工作条件和环境较差的部门,激励频率应该高;在工作条件和环境较好的部门,激励频率应该低。

当然,上述几种情况,并不是绝对的划分,通常情况下应该具体情况具体分析,因人、因事、因地制宜地采取恰当的激励频率。

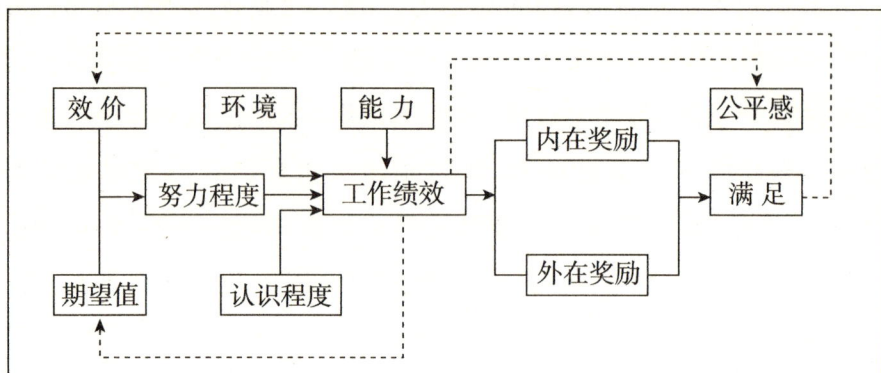

综合激励模型

（三）把握恰当的激励程度

所谓激励程度是指激励量的大小，即奖赏或惩罚标准的高低。它是激励机制的重要因素之一，与激励效果有着极为密切的联系。能否恰当地掌握激励程度，直接影响激励作用的发挥。超量激励和欠量激励不但起不到激励的真正作用，有时甚至还会起反作用。比如，过分优厚的奖赏，会使人感到得来全不费功夫，丧失了发挥潜力的积极性；过分苛刻的惩罚，可能会导致人的摔破罐心理，挫伤专业技术人员改善工作的信心；过于吝啬的奖赏，会使人感到得不偿失，多干不如少干；过于轻微的惩罚，可能导致人的无所谓心理，不但不改掉毛病，反而会变本加厉。

所以从量上把握激励，一定要做到恰如其分，激励程度不能过高也不能过低。激励程度并不是越高越好，超出了这一限度，就无激励作用可言了，正所谓"过犹不及"。

（四）确定正确的激励方向

激励方向是指激励的针对性，即针对什么样的内容来实施激励。它对激励的效果具有显著的影响作用。马斯洛的需要层次理论有力地表明，激励方向的选择与激励作用的发挥有着非常密切的关系。当某一层次的优势需要基本上得到满足时，应该调整激励方向，将其转移到满足更高层次的优先需要，这样才能更有效地达到激励的目的。比如对一个具有强烈自我表现欲望的专业技术人员来说,如果要对他所取得的成绩予以奖励,奖给他奖金和实物不如为他创造一次能充分表现自己才能的机会,使他从中得到更大的鼓励。

需要指出的是,激励方向选择是以优势需要的发现为其前提条件的。因此,要努力发现专业技术人员不同阶段的优势需要,正确区分个体优势需要与群体优势需要,以提高激励的效果。

第二节　专业技术人员的激励理论与激励模式

一、激励理论概述

激励理论是关于如何满足人的各种需要、调动人的积极性的原则和方法的概括总结。激励的目的在于激发人的正确行为动机,调动人的积极性和创造性,以充分发挥人的智力效应,做出最大成绩。激励理论是业绩评价理论的重要依据,它说明了为什么业绩评价能够促进组织业绩的提高,以及什么样的业绩评价机制才能够促进业绩的提高。

早期的激励理论研究是对于"需要"的研究,回答了以什么为基础、或根据什么才能激发调动起工作积极性的问题,包括马斯洛的需求层次理论、赫茨伯格的双因素理论以及麦克利兰的成就需要理论等。最具代表性的马斯洛需要层次论就提出人类的需要是有等级层次的,从最低级的需要逐级向最高级的需要发展。需要按其重要性依次排列为:生理需要、安全需要、社会需要、尊重需要和自我实现需要。并且提出当某一级的需要获得满足以后,这种需要的激励作用便停止了。

激励理论中的过程学派认为,通过满足人的需要实现组织的目标有一个过程,即需要通过制订一定的目标影响人们的需要,从而激发人的行动,包括弗洛姆的期望理论、洛克和休斯的目标设置理论、波特和劳勒的综合激励模式、亚当斯的公平理论、斯金纳的强化理论等等。其中最具代表性的是弗洛姆(V. H. Vroom)的"期望理论",弗洛姆认为,一个目标对人的激励程度受两个因素影响:一是目标效价,指人对实现该目标有多大价值的主观判断。如果实现该目标对人来说,很有价值,人的积极性就高;反之,积极性则低。二是期望值,指人对实现该目标可能性大小的主观估计。只有人认为实现该目标的可能性很大,才会去努力争取实现,从而在较高程度上发挥目标的激励作用;如果人认为实现该目标的可能性很小,甚至完全没有可能,目标激励作用就比较小,甚至根本不存在。

之后,美国管理学家洛克(E. A. Locke)和休斯(C. L. Huse)等人又提出了"目标设置理论"。总的来讲,"目标设置理论"主要有三个因素:一是目标难度。目标应具有较高的难度,那种轻而易举就能实现的目标缺乏挑战性,不能调动起人的奋发精神,因而激励作用不大。当然,目标过高也会使人望而生畏,从而失去激励作用。因此,应把目标控制在既有较大难度,又不超出人的承受能力这一水平上。二是目标的明确性。目标应明确、具体,笼统空泛、抽象性的目标对人的激励作用不大。而能够观察和测量的具体目标,可以使人明确奋斗方向,这样才能有较好的激励作用。三是目标的可接受性。只有当组织成员接受了组织目标,并与个人目标协调起来时,目标才能发挥应有的激励功能。至于对专业技术人员的目标激励,应该让专业技术人员参与组织目标的制定,这比将目标强加于专业技术人员更能提高目标的可接受性,可以使专业技术人员把实现目标看成自己的事情,从而提高目标的激励作用。

这些关于需要和目标的研究,都是设计专业技术人员业绩评价体系必须考虑的因素,特别是激励的过程理论中提出的若干要求,对于设计有效的专业技术人员业绩评价体系具有指导意义。

二、各学派的激励理论

自从 20 世纪 20 年代以来,国外许多管理学家、心理学家和社会学家结合现代管理的实践,提出了许多激励理论。这些理论按照形成时间及其所研究的侧面不同,可分为行为主义激励理论、认知派激励理论和综合型激励理论3大类。

（一）行为主义激励理论

20世纪20年代,美国风行一种行为主义的心理学理论,其创始人为约翰·华生(John Broadus Watson)。这个理论认为,管理过程的实质是激励,通过激励手段,诱发人的行为。在"刺激—反应"这种理论的指导下,激励者的任务就是去选择一套适当的刺激,即激励手段,以引起被激励者相应的反应标准和定型的活动。

新行为主义代表人物斯金纳(B. F. Skinner)后来又提出了操作性条件反射理论。这个理论认为,激励人的主要手段不能仅仅靠刺激变量,还要考虑到中间变量,即人的主观因素的存在。具体说来,在激励手段中除了考虑金钱这一刺激因素外,还要考虑到劳动者的主观因素的需要。根据新行为主义理论,激励手段的内容应从社会心理观点出发,深入分析人们的物质需要和精神需要,并使个体需要的满足与组织目标的实现一致化。

新行为主义理论强调,人们的行为不仅取决于刺激的感知,而且也决定于行为的结果。当行为的结果有利于个人时,这种行为就会重复出现而起着强化激励作用。如果行为的结果对个人不利,这一行为就会削弱或消失。所以对专业技术人员的激励,要运用肯定、表扬、奖赏或否定、批评、惩罚等强化手段,对专业技术人员的行为进行定向控制或改变,以引导到预期的最佳状态。

（二）认知派激励理论

把行为简单地看成人的神经系统对客观刺激的机械反应,这不符合人的心理活动的客观规律性。对于人的行为的发生和发展,要充分考虑到人的内在因素,诸如思想意识、兴趣、价值和需要等。因此,这些理论都着重研究人的需要的内容和结构,以及如何推动人们的行为。

认知派激励理论还强调，激励的目的是要把消极行为转化为积极行为，以达到组织的预定目标，取得更好的效益。因此，在激励过程中还应该重点研究如何改造和转化人的行为。属于这一类型的理论还有斯金纳的操作条件反射理论和挫折理论等。这些理论认为，人的行为是外部环境刺激和内部思想认识相互作用的结果。所以，只有改变外部环境刺激与改变内部思想认识相结合，才能达到改变人的行为的目的。

相关链接

操作条件反射理论和挫折理论

操作条件反射理论是斯金纳新行为主义学习理论的核心。由美国心理学家斯金纳命名，是一种由刺激引起的行为改变。其核心内容是：如果一个人做出组织所希望的行为，那么组织就与此相联系提供强化这种行为的因素；如果做出组织所不希望的行为，组织就应该给予惩罚，据此，就让组织成员学习组织所希望的行为并促使组织成员矫正不符合组织要求的行为。操作条件反射与经典条件反射不同，操作条件反射与自愿行为有关，而巴甫洛夫条件反射与非自愿行为有关。

挫折理论是由美国的亚当斯提出的，挫折是指人类个体在从事有目的的活动过程中，指向目标的行为受到障碍或干扰，致使其动机不能实现，需要无法满足时所产生的情绪状态。挫折理论主要揭示人的动机行为受阻而未能满足其需要时的心理状态，并由此而导致的行为表现，力求采取措施将消极性行为转化为积极性、建设性行为。

（三）综合型激励理论

行为主义激励理论强调外在激励的重要性，而认知派激励理论强调的是内在激励的重要性。综合性激励理论则是这两类理论的综合、概括和发展，它为解决调动人的积极性问题指出了更为有效的途径。

德裔美国心理学家库尔特·勒温（Kurt Lewin）提出的场动力理论是最早期的综合型激励理论。这个理论强调，对于人的行为发展来说，先是个人与环境相互作用的结果。外界环境的刺激实际上只是一种导火线，而人的需要则是一种内部的驱动力，人的行为方向决定于内部系统的需要的强度与外部引线之间的相互关系。如果内部需要不强烈，那么再强的引线也没有多大的意义。

美国行为科学家爱德华·劳勒和莱曼·波特于 1968 年提出了新的综合型激励模式,将行为主义的外在激励和认知派的内在激励综合起来。在这个模式中含有努力、绩效、个体品质和能力、个体知觉、内部激励、外部激励和满足等变量。在这个模式中,劳勒与波特把激励过程看成外部刺激、个体内部条件、行为表现、行为结果相互作用的统一过程。一般人都认为,有了满足才有绩效。而他们则强调,先有绩效才能获得满足,奖励是以绩效为前提的,人们对绩效与奖励的满足程度反过来又影响以后的激励价值。人们对某一作业的努力程度,是由完成该作业时所获得的激励价值和个人感到做出努力后可能获得奖励的期望概率所决定的。很显然,对个体的激励价值愈高,其期望概率愈高,则他完成作业的努力程度也愈大。同时,人们活动的结果既依赖于个人的努力程度,也依赖于个体的品质、能力以及个体对自己工作作用的知觉。

波特和劳勒的激励模式还进一步分析了个体对工作的满足与活动结果的相互关系。他们指出,对工作的满足依赖于所获得的激励同期望结果的一致性。如果激励等于或者大于期望所获得的结果,那么个体便会感到满足。如果激励和劳动结果之间的关联不大,那么个体就会丧失动力。

三、专业技术人员的激励模式

（一）目标激励

行为学家认为,人的动机多起源于人的需求欲望,一种没有得到满足的需求是激发动机的起点,也是引起行为的关键。因为未得到满足的需求会造成个人的内心紧张,从而导致个人采取某种行为来满足需求以解除或减轻其紧张程度。对专业技术人员来讲,目标激励就是把组织的需求转化为专业技术人员的需求。为了解除某种需求带来的紧张,专业技术人员会更加努力地工作。在取得阶段性成果的时候,组织应当把成果反馈给专业技术人员。反馈可以使专业技术人员知道自己的努力水平是否足够,是否需要更加努力,从而有助于专业技术人员在完成阶段性目标之后进一步提高自己的目标。

运用目标激励必须注意三点:一是目标设置必须符合专业技术人员的需要。即要把专业技术人员的工作成就同其正当的获得期望挂起钩来,使专业技术人员表现出积极的目的性行为。二是提出的目标一定要明确。三是设置的目标既要切实可行,又具有挑战性。目标难度太大,让人望而生畏;目标过低,难以催人奋进。无论目标客观上是否可以达到,只要专业技术人员主观认为目标不可达到,他们努力的程度就会降低。目标设定应当像树上的苹果那样,站在地下摘不到,但只要跳起来就能摘到。四是目标的内容要具体明确,能够有定量要求的目标更好,切忌笼统抽象。

（二）物质激励

所谓物质激励,就是从满足人的物质需要出发,对物质利益关系进行调节,从而激发人的向上动机并控制其行为的趋向。物质激励多以加薪、减薪、奖金、罚款等形式出现,在目前的社会经济条件下,物质激励是激励不可或缺的重要手段,它对强化按劳取酬的分配原则和调动专业技术人员的工作热情有很大的作用。

（三）正激励与负激励

根据美国心理学家斯金纳的激励强化理论,可以把激励行为分为正激励与负激励,也就是我们通常所说的奖惩激励。所谓正激励就是对个体的符合组织目标的期望行为进行奖励,以使这种行为更多地出现,提高个体的积极性。所谓负激励就是对个体的违背组织目标的非期望行为进行惩罚,以使这种行为不再发生,使个体积极性朝正确的目标方向转移。在激励模式的选择上,正激励与负激励都是必要而有效的,因为这两种方式的激励效果不仅会直接作用于个人,而且会间接地影响周围的个体与群体。

（四）情感激励

情感激励就是通过在集体内部建立起亲密、融洽、和谐的气氛来激励专业技术人员士气的方法。人是有感情的动物，专业技术人员的情绪直接影响工作效率的高低。管理心理学表明，如果一个群体中占优势的情绪是友好、友爱、满足、谅解等，那么他的心理气氛就是积极的；相反，如果一个群体中占优势的情绪是敌意、争吵、欺诈等，那么他的心理气氛就是消极的。具有消极情绪的组织必然是一群缺乏战斗力的乌合之众，而乌合之众显然不利于组织目标的实现。情感激励就是要培养专业技术人员的积极情感。其方式很多，如：沟通思想、排忧解难、慰问家访、交往娱乐、批评帮助、共同劳动、民主协商等。

（五）公平激励

公平激励源出于美国心理学家亚当斯的公平理论。这种理论认为：个体的工作动机和积极性不仅受自己绝对报酬的影响，更重要的还受相对报酬的影响。个体总会把自己的贡献和报酬与一个和自己相等条件的人的贡献和报酬相比较。当这种比值相等时，就会有公平感，就心情舒畅，积极性高涨；反之，就会导致不满，产生怨气和牢骚，甚至出现消极怠工的行为。运用公平激励，要做到努力满足激励对象的公平意识和公平要求。在现实社会中，不公平的现象较多。例如：由于地区、行业、单位、个人等条件的不同，加之制度和政策上的某些弊端，造成了专业技术人员在报酬上的较大差异，并因此引发了一些矛盾。公平激励，就应积极减少和消除不公平现象，但正确的做法不是搞绝对平均主义，而是要做到公平处事、公平待人，不搞好恶论人，亲者厚、疏者薄。对专业技术人员的分配、晋级、奖励、使用等方面，要力争做到公正合理，人人心情舒畅。

（六）心智激励

哈佛大学维廉·詹姆士研究表明：在没有激励措施下，组织成员一般仅能发挥工作能力的 20%～30%，而受到激励后，其工作能力可以提升到80％～90％，所发挥的作用相当于激励前的3到4倍。日本丰田公司采取激励措施鼓励员工提建议，结果仅1983年一年，员工提了165万条建议，平均每人31条，它为公司带来900亿日元利润，相当于当年总利润的18％。丰田公司采取的激励模式就是心智激励，这种对心智的激励可以带来智力、智慧和创造力的开发。

第三节　专业技术人员的薪酬激励

薪酬是指劳动者依靠劳动所获得的所有劳动报酬的总和。薪酬对专业技术人员而言是极为重要的，它不仅是专业技术人员的一种谋生手段，从根本上满足他们的物质需要，而且还能满足他们的自身价值感。激励，简言之就是调动人的工作积极性，把其潜在的能力充分地发挥出来。薪酬激励就是利用薪酬有效地提高专业技术人员工作的积极性，最大程度地激发专业技术人员的工作热情和潜能。

一、薪酬激励机制概述

（一）薪酬的含义

经济学上，薪酬是指劳动者依靠劳动所获得的所有劳动报酬的总和。从字面上理解，薪酬即含有薪水和酬劳的意思，它是企业对成员提供劳务和所做贡献的回报，可界定为直接薪酬和间接薪酬两种形式。直接薪酬包括工资、奖金、年薪。间接报酬可包括福利、红利、股权。其中福利是对工资或奖金等难以包含、准确反映情况的一种补充性报酬，可以不以货币形式直接支付。如带薪节假日、医疗、安全保护、保险等。

（二）薪酬具有内部公平特点

所谓薪酬的内部公平是指组织成员对自身工作在组织内部的相对价值认可。根据美国学者亚当斯（J. S. Adams）的公平理论，组织成员将自己的付出、所得与组织内其他员工的付出、所得进行比较，进而判断自己所获薪酬是否具有内部公平性。当组织成员发现自己的"收入与付出比"与其他成员的"收入与付出比"相同时,他就会获得薪酬的内部公平感;反之,则产生内部不公平的感受。薪酬制度要想有效发挥其激励作用,必须有一个前提,那就是建立在公平基础上。

相关链接

亚当斯的公平理论

公平理论又称社会比较理论,由美国心理学家亚当斯于 1965 年提出。公平理论的基本观点是:当一个人做出了成绩并取得了报酬以后,他不仅关心自己所得报酬的绝对量,而且关心自己所得报酬的相对量。因此,他要进行种种比较来确定自己所获报酬是否合理,比较的结果将直接影响今后工作的积极性。

(三)薪酬激励原理

激励原本是心理学的概念,表示某种动机如何产生以及产生的原因是什么,人们朝向既定的目标前行所产生的心理活动是怎样的。因此,激励可以理解为一种起到推动、促进的精神力量,在某种程度上可以发挥行为导向的作用。

激励的原理可以从四个层面上进行论述:行为科学理论认为"绩效＝能力－动机激发程度"。在能力不变的条件下,工作成绩的大小在很大程度上取决于受到的激励程度的高低。也就是说,能力是基础、激励是动力,而最为重要的便是客体的积极性、主动性的问题了;从需要层次理论上来看,需要时人类生存和发展的必要条件,它指某人对目标的渴望而以此激励人们的行为,是个性积极性的源泉和内驱力。

激励是管理的核心,而薪酬激励又是最重要的也是最有效的激励手段。薪酬激励的目的之一是有效的提高组织成员的积极性,在此基础上促进效率的提高,最终能够促进组织的发展。同时,员工的能力也能得到很好的提升,实现自我价值。

二、当前我国薪酬激励制度存在的问题

(一)薪酬结构不合理

薪酬结构是一个组织机构中各项职位的相对价值及其对应的实付薪酬间保持什么样的关系。薪酬结构比例应视从事不同性质工作的员工比例而有所不同。平均主义的分配方法非常不利于培养个体的创新精神,平均等于无激励。而有些组织机构又存在部门、岗位薪酬差别过大现象,造成许多成员不安心工作而且千方百计地设法调换岗位现象。

(二)薪酬体系凌乱

由于在某一项目或时点上人才匮乏,因而给付的薪酬大多也是应急的。在特定情况下,这种有针对性的薪酬管理虽然有效,但终因与组织薪酬体系的共性冲突,日益显露出矛盾。这种薪酬管理模式可以得益于一时,最终不仅不能起到留住人才、激励组织成员的作用,还成为"薪酬摩擦"的主要原因,导致组织内部的管理无序和效率低下。

(三)薪酬设计缺乏科学性、完整性和发展性

薪酬作为人力资源管理中最有效的内容和手段,本身具有严密的内涵结构和完善的体系。但在实际执行中,薪酬的激励效果却与预期相去甚远。组织薪酬结构往往存在结构单一和模糊两大特点。单一的薪酬结构容易使组织成员失去激情,保求职位而淡化职责是这种薪酬结构典型的后遗症,组织成员之间易于滋生攀比心态,团队合作精神会被消耗。薪酬模糊主要是指给予不公平的奖励和加薪。薪酬设计的发展性是说薪酬制度建立后不是一成不变的,要在组织的不同发展阶段进行相应的调整,轻则毫无激励作用可言。

三、构建多元化的专业技术人员薪酬制度

针对现行岗位技能工资存在的主要问题,应通过优化工资结构,将专业技术人员的实际工资与企业或组织现行的岗位技能结构工资剥离,

实行灵活多样的工资激励政策。

（一）根据岗位确定薪酬，突出岗位价值

新的工资分配应从原来侧重工龄的技能工资转向侧重岗位条件、侧重技术程度、劳动数量和劳动质量的岗位转移，依据技术高低、苦脏累险的程度、劳动强度、责任大小等因素，合理地测算出管理、技术、生产操作、服务四大系列不同岗位的工资分配系数，真正形成"以事定岗、以岗定薪、岗变薪变"的岗位结构工资分配机制。要通过岗位职位评价，合理拉开关键岗位与普通岗位的工资差距，突出岗位价值。

由于每一个工作岗位职位的工作性质、内容、对组织贡献的大小和方式不同，管理的幅度、所需的资格及沟通能力的要求、职责范围、解决的工作问题的难度以及对组织短期、长期影响和贡献等都有很大的区别，所以在评价职位时，应该考虑这些因素，并将各项因素的重要性与组织的性质、组织的战略、组织文化等联系起来共同考虑，通过一定的方法用可衡量的变量量化得出其数量值，根据组织或企业的实际侧重面，给每个影响因素的数量值以一个权数，从而计算出职位的价值。

影响和评价一个职位的因素有很多种，通常来讲，根据一个职位所需的基本技能或任职资格、职位的工作特点、职位的组织贡献等几个方面找到影响因素，就能够比较全面地反映一个职位对组织的贡献价值和可能付出的努力价值，这些因素通常是职位资格、人际沟通、管理监督、工作环境、解决问题、责权范围。

海尔全面薪酬福利钻石模型

每个影响因素的数量值可以用若干个衡量指标进行衡量，为了计算的方便，一般选取一个最直接相关和重要的指标来衡量影响因素，将每个衡量变量分级，然后用计算矢量的方法计算影响因素的数量值。

由于岗位职位评价是通过综合评价各方面因素得出的工资级别,而不是简单地与职务挂钩,它不但可以科学地比较出组织内部各个职位的相对重要性并得出职位等级序列,使不同职位岗位之间具有可比性,还有助于解决"当官"与"当专家"的等级差异问题,有效地激励各岗位的人员努力工作和创新。

(二)根据绩效确定薪酬,实行业绩工资制

薪酬设计要点在于对内具有公平性,对外具有竞争力。一般来说,在薪酬设计要点中,对内公平性要比对外竞争力更重要。因此,就对内公平性而言,除了要通过职位评价来确定专业技术人员合理的岗位外,还要按绩效付酬。绩效工资是对专业技术人员完成业绩指标而进行的奖励,即根据各类专业技术人员的工作业绩和贡献大小实施奖励工资分配。绩效工资可以是短期的,如项目奖、年度奖、课题工资、效益工资等;也可以是长期的,如期权等。应把专业技术人员的利益分配与其最终工作成果、工作绩效联系起来,并与企业效益密切挂钩,加大业绩工资在工资总额中的份额,对关键专业技术人员实行业绩工资分配形式,做到"一流人才,一流业绩,一流报酬"。

按绩定酬,关键在于建立并实行奖惩分明的薪酬体系。首先,要设计一个能有效区分绩优与绩劣的专业技术人员的绩效评估体系;其次,要有明确的绩效导向,即以绩效评估体系中的哪一个元素为重要衡量指标。

(三)按市场工资价位推行协议工资制

知识经济时代的竞争归根到底还是人才的竞争,而人才竞争的根源是人才制度的竞争。制度是一个广义的概念,其中一个很大的因素就是薪酬制度。因此,为了留住人才和吸引人才,可根据工作需要和人才的实际效用,引入市场工资机制,根据有关政策和当地劳动力市场工资指导价位,对一些特殊人才以签订工资协议包括工资分配、支付办法、工资调整幅度等形式实行协议工资制。

（四）重视内在报酬

专业技术人才的报酬可分为外在（物质）报酬和内在（精神）报酬。外在报酬指组织提供的金钱、津贴和晋升机会。内在报酬指基于工作本身的报酬，即专业技术人员对工作本身或工作心理环境上的满足感，如工作胜任感、成就感、受重视、个人价值实现等。

在现代管理学中，"以人为本"的思想已渗透于管理之中，这一思想的根本精神是对人的尊重、对人的关怀，强调人的自我实现。INTEL 公司的高层管理者就认为，"人是 INTEL 的最珍贵的宝藏"。INTEL 的人本理念强调尊重每一个员工，使员工在工作中得到自我实现，员工在企业营造的文化氛围里和从工作本身取得了很大的满足感或工作充满兴趣、乐趣和挑战性、新鲜感；或工作取得成就，发挥了个人的潜力，实现个人价值时所感受到的成就感和自我实现感。"以人为本"的理念其实强调的就是内在报酬对于人才的激励作用。

事实上，内在报酬和外在报酬都是薪酬体系中不可或缺的部分，专业技术人员存在物质和精神需要，相应的报酬方式也应该是物质和精神报酬结合。物质激励的作用是满足人类最基础的需要，但层次也最低，物质激励的作用是表面的，激励深度有限；而精神需要是人类较高层次的需要，精神激励是内在动力。因此，在生产力水平和专业技术人员素质日益提高的今天，薪酬制度的重心应转移到满足较高层次需要的精神激励上。

薪酬制度是人力资源管理中重要的一环，它决定了对专业技术人员的激励效果。合理的薪酬制度对组织的发展无疑是有益的。然而，薪酬只是手段，并不是最终目的，我们需要做的是通过建立一套合理的薪酬制度，灵活把握和用好薪酬这根激励指挥棒，达到最佳的激励效果，有效激发专业技术人员的内生动力，使专业技术人员的积极性得到充分发挥。

第四节　专业技术人员的组织激励

一、组织激励概述

在现代管理学中，人成为越来越受到重视的要素，如何激发组织成员的工作积极性，如何最大程度地挖掘人的潜力，成为人们非常关注的问题。因此，出现了一大批侧重点不同但都与人员激励有关的理论，统称为激励理论，如马斯洛的需要层次理论、弗洛姆的期望理论及斯金纳的强化理论等。这些激励理论涉及到了与激励相关的各个方面——为何要激励、激励的理论基础是什么、何时何地用何种方式进行激励，激励时需要注意些什么问题等等，却缺乏对激励的最终目标是否达到、激励效果如何这一问题的探讨。虽然事实上对激励的理论基础、方式、时机等问题的研究最终也是为了更好地实现激励目标，但对激励效果的独立的、专门的研究对激励理论的完整性有着重要意义，同时也有着不容忽视的实际意义。

二、组织激励的方向

相对于产权激励（通过产权合约的形式将企业所有权卖给员工的一种长期激励形式）而言，组织激励是一种内部激励。其主要对象是经营层和操作层。组织激励主要从组织结构和生产组织模式两方面进行。

（一）组织结构的扁平化

组织结构的扁平化是指组织主动地通过内部变革，破除自上而下的垂直多层结构，减少中间管理层，增大管理幅度，减少冗员，建立一种紧缩型横向组织。它主要通过组织业务流程再造，借助现代信息技术，改变传统纵向控制的职能部门为侧重于横向协作的工作团队。组织结构的扁平化淡化了传统的以职务晋升为导向的激励机制，建立以工作成就为导向的人才激励机制，使组织成员从关注职务晋升转向关注工作成就。同时,扁平化组织管理层次少,部门目标与组织目标之间的偏差缩小,使建立以组织目标为导向的人才激励机制成为可能。

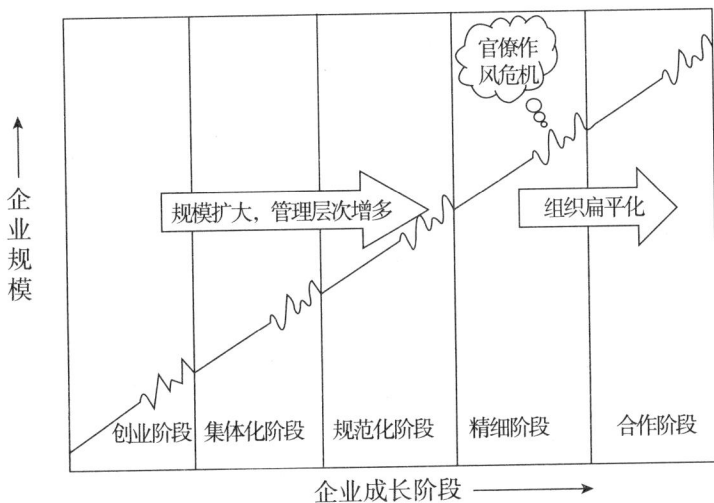

企业成长五个阶段

(二)以人为本的柔性管理

以人为本的柔性管理是指采用非强制方式,在组织成员心目中形成一种潜在的说服力,从而把组织意志变为成员自觉的行动。柔性管理的主要激励对象是操作层。相对于刚性管理,柔性管理能满足组织成员的高层次需要,能够深层次地激发成员的积极性。柔性管理的本质是实施软控制和实施心理引导。它的基本原则包括内在重于外在、直接重于间接、心理重于物理、个体重于群体、肯定重于否定、身教重于言传、务实重于务虚和执教重于执纪八个方面。柔性管理在管理活动中主要表现为管理决策的柔性化和奖酬机制的柔性化。管理决策的柔性化主要表现在决策目标的柔性化以及在决策程序上"群言堂";奖酬机制的柔性化表现在不再以工作的硬性量化标准作为奖酬依据,更加注重精神上的嘉奖,或通过扩张和丰富工作内容,提高工作的意义和挑战性。

三、专业技术人员组织激励要注意的问题

（一）组织激励的层级性

在我国，不同领域的专业技术人员分属于相应的组织。每一个组织均包含若干层级，不同的层级目标任务不同，人员情况差异明显，信息占有量不同，关注的领域各自有别，因此采取激励的方式和手段应有所不同，理想的激励效果才会达到。所谓激励效果，是指一个组织激励行为的有效性，当组织对专业技术人员实施了某种激励行为后，所得到的效果是否实现了组织预定的目标。因此，激励的效果必须与组织的目标同向，并服务于组织目标。通过对各个层级的有效激励，形成充分的合力，使组织的工作效率提高，专业技术人员工作热情高涨，并保持这种热情的持久性。

高层管理组织处于组织结构的顶层，人员素质较高，要解决的问题通常涉及到组织生存与发展的大事，要求管理人员的工作和决策具有全局性和创造性，如何使专业技术人员具有成就感是这一层次激励的主要内容，激励效果体现在管理人员的创新管理、组织文化等方面的塑造上。组织的基层专业技术人员激励应更多地体现为满足专业技术人员生存、生活、安全的基本需求，从更为具体的工作条件、工资待遇的改善上入手，激励效果则体现为专业技术人员工作效率的提高、工作质量的改善，对组织工作的认同上。

在一个组织里，激励效果很大程度上取决于领导者。领导者要了解专业技术人员的个性和他们的品格以及需求，帮助专业技术人员看到他们在为组织目标做出贡献的同时，也能够满足他们自身的需要。当然，崇尚人本管理并不意味着就可以忽视制度管理。组织领导者应使人本管理与制度管理相辅相成、互为补充。制度管理是人本管理的前提和基础。没有规章制度的组织必然是无序的、混乱的。

相关链接

人本管理与制度管理

以人为本的管理,简称人本管理。人本管理思想产生于西方20世纪30年代,真正将其有效运用于企业管理,是在20世纪六七十年代。可以说人本管理思想是现代企业管理思想、管理理念的革命。制度管理,就是以制度规范为基本手段协调企业、组织或集体协作行为的管理方式。

制度管理的实施保证了企业的生产和经营,为企业实施人本管理提供了必要的基础。人本管理的有效实施使全体员工从被动接受制度约束升华到"自我管理",从而使制度管理的实施效果更加显著,执行力大大加强。所以我们说,制度管理是人本管理的基础;人本管理是企业管理的关键,人本管理的实施能够促进制度管理,更好地实现管理的目的。

与此同时,组织领导者要着力创建组织文化,使组织形成共有的价值观体系,包括组织共有的价值观念、行为方式、道德规范、习惯、仪式、精神、作风等等。组织文化是一个组织的灵魂,对专业技术人员的行为具有导向和激励作用,使专业技术人员增强归属感、认同感和自豪感。一种优秀的组织文化,就是要创造一种能够使全体成员认同的核心价值观和使命感,营造一个能够促进专业技术人员奋发向上的心理环境。

(二)组织激励的多元性

激励的对象是人,是一个组织的所有成员,而每个人又是有差异的,要进行有效的激励,就要研究被激励者的心理,清楚他们最需要什么,这样的激励才具有针对性。如果主体对客体的激励方式只是货币,由于边际效用递减,随着时间的推移和激励次数的增多,要达到相同的激励效果,花费的成本就会变得越来越多。因此,在对专业技术人员实施激励的过程中,应当对专业技术人员实施恰当的激励组合,特别是要注意通过激励组合的变动,推动专业技术人员的激励效应曲线由低向高移动。激励的方式是多维的复合体,要根据不同的专业技术人员的特点选择最适当的激励方式组合。这些激励方式包括物质激励、晋升激励、荣誉激励、目标激励、责任激励、成就激励等。

物质激励与责任激励相辅相成。在充分肯定专业技术人员作为"经济人"的基础上,将其所承担的责任及其所取得的成果与其所应获得的物质利益挂钩,以此强化专业技术人员的责任意识。提高专业技术人员的工资、奖金、津贴等外在利益。高绩效、高报酬;低绩效、低报酬。同时,要明确单一的物质激励不是万能的。专业技术人员对物质利益抱怨的背后可能隐藏着对精神待遇不满的现实。提高物质待遇可以暂时弥补专业技术人员对精神待遇的不满,但它并不能从根本上解决由于专业技术人员对精神待遇的不满而造成的管理上的冲突。改善专业技术人员管理,赋予专业技术人员管理和控制自己工作自由的权利就显得更为重要。

相关链接

经济人

经济人的概念来自亚当·斯密《国富论》中的一段话:每天所需要的食物和饮料,不是出自屠户、酿酒家和面包师的恩惠,而是出于他们自利的打算。不说唤起他们利他心的话,而说唤起他们利己心的话,不说自己需要,而说对他们有好处。西尼尔定量地确立了个人经济利益最大化公理,约翰·穆勒在此基础上总结出"经济人假设",最后帕累托将"经济人"这个专有名词引入经济学。

以成就激励来增强专业技术人员的荣誉感。成就激励是专业技术人员在工作过程中,通过管理者创设的各种激励措施使自己的价值与潜能得到充分实现而产生的一种成就意识。成就激励具有工作的荣誉感,是促使工作不断创新的激励形式。这要在组织制度设计上为专业技术人员参与管理提供方便,为每一个岗位制定详细的岗位职责和权利,让专业技术人员参与到制定工作目标的决策中来。

通过晋升激励创造竞争氛围。竞争与激励是一双孪生兄弟,晋升激励要实行分类、分等、分级的考核,以满足不同职位的需要。要由重视文化知识转变为重视素质和能力,使专业技术人员具备开拓能力、应变能力和适应能力。要完善竞争上岗制度,专业技术人员职务升迁应主要通过考绩与内部竞争考试的途径来实现,这样有利于调动专业技术人员的积极性,也能体现公平公正的原则。

除此之外,激励时机与场合的选择也十分重要。激励具有时效性。应讲究激励的时间艺术,遵循及时原则。一个适当的、及时的激励行为,可以使专业技术人员的优良行为得到及时的强化与巩固,保护和提高其积极性,挖掘其潜能,提高组织效率,从而改善组织的激励效果。通常来讲,激励的场合应以公开为宜。公开的激励,会使专业技术人员在得到既定激励的同时,也获得自信心、成就感和荣誉感,增强内生动力,促进组织形成一种积极上进的风气。

第五节　专业技术人员的管理过程激励

一、激励与管理过程各要素

近年来,随着管理科学的进一步发展,我国管理学界对激励的阐述与说明越来越深入,但总的来看,这些研究仍缺乏对管理过程中激励要素是如何与其他五要素(计划、组织、指挥、协调、控制)相互结合、相互作用并表现出实际功能的说明。

管理不是约束人,而是用人。管理学家哈罗德·孔茨和奥唐奈把管理定义为"通过其他人来做工作的职能"。从这个意义说,激励是管理过程中一个不可缺少的要素。对其在整个管理过程中与其他要素的相互关系的进一步阐述,是理解其管理过程中的地位与作用的关键。

管理是为达到某一目标而协调集体所做努力的过程。在一个组织中——无论是正式组织还是非正式组织——为了一个共同的目标,由一个或更多的人来协调他人的活动,以便收到个人单独行为所不能达到的效果而进行的活动即是管理。它是一种过程,它一般包括计划、组织、指挥、协调、控制五个环节,而激励则是一个贯穿整个管理过程之中若干环节的要素。

哈罗德·孔茨

哈罗德·孔茨,美国管理学家,管理过程学派的主要代表人物之一。孔茨很强调管理的概念、理论、原理和方法,认为管理工作是一种艺术,它的各项职能可以分成五类,即计划、组织、人事、指挥和控制,组织的协调是五种职能有效应用的结果。

(一)计划与激励

管理是针对一定的目标进行的,要实现目标首先必须制订一个计划。"计划是事先制订的,为了进行某事或制作事物的一些详细的方法。"它的制订是一个复杂的过程,必须考虑天时、地利、人和等诸多因素,其中必须着重于人的因素,包括人的能力、工作积极性程度,如何采取一定的手段调动人的积极性以及可调动至何种程度等。如组织目标的实现都有其时间性,一般来说,一个组织目标实现的时间长短,很大程度上取决于组织成员积极性的高低。为了延续、增强这种积极性,仅靠组织目标的潜在激励是远远不够的,必须有其他丰富多彩的激励工作作为补充,这就需要管理者在计划中充分地考虑这一要素,制订出有效激励计划——最有效的激励计划必须是简明的、具体的、可实现的和可计量的,其中最流行的计划之一是功绩奖励计划。通过计划的制订、实施,把组织成员的那些潜在的、杂乱的,有时甚至相互冲突的需求,通过调节、诱发、强化等工作环节转化为现实的工作热情。因此,计划制订必须考虑成员的士气如何提高,提高至何种程度的子计划。

（二）组织与激励

组织是管理过程中的一项要素，它涉及组织结构设计、组织联系、组织运用等多方面的内容。它的目的一是为了整个计划的有序性，二是为了激励手段实现的可能性，即激励必须有一定的程序和手段，通过组织的最优组合才可实现，通过对激励的程序化处理，使得管理者对激励方法的运用更为正式和有效。

（三）指挥与激励

通过指导、激励和各种信息沟通对组织成员施加影响，使他们能够努力按预设轨道运行的管理行为进行指挥。管理者在管理过程的这一环节上，必须运用手中的权力对组织成员施加影响，如强制、奖励等。他必须使用激励要素中的方法和手段才能使这一工作过程顺利实施。

（四）协调与激励

协调即组织的一切工作都要和谐、配合，以便组织的动作顺利进行。实际上协调与激励是管理过程中相辅相成的两个要素。从某种程度上讲，激励工作的好坏也会为协调工作造成直接影响。由于积极性的增减也使得对组织成员的协调变得容易或复杂了，这在实际中的例子是不胜枚举的。

（五）控制与激励

控制是一个对计划进行监督并及时提出在计划执行中的重大偏差的过程。就控制的理想状态而言，它包括四种既彼此分离又内在联系的活动：制定一个或一系列标准；运用各种监测手段，测度工作情况；对通过各种监测手段取得的数据加以比较；采取手段或实施行动去矫正计划执行中的重大偏差。管理者除了对本单位的预算、财务和生产进行控制外，对组织成员的行为也必须加以控制，使他们的生产活动始终保持高水平，高效率。这一控制过程包括：人员择用、就职教育、业绩评价、激励制度。对人事的这种控制过程，其根本的目的仍是为目标的顺利实现服务。

综上所述,激励贯穿于管理过程的每一个要素中。在管理活动中,激励要素都层次很深地贯穿始终,与其他要素相互作用,相辅相成,共同为实现组织目标而承担各自不同的功用,缺一不可。

二、激励方法

管理过程中计划的形成阶段,也就是激励方法、手段、实施的规划阶段。在现实中,对于专业技术人员的激励方法复杂多样,但它们都遵循着一个共同的工作程序。

(一)了解需要

在专业技术人员的行为过程中,满足需要欲望是最基本的目的。马克思曾指出:"人们奋斗所争取的一切,都同他们的利益直接相关。"在了解专业技术人员的需要时,不但要掌握专业技术人员必须的一些需要,还要通过外显行为窥测专业技术人员的某些内在潜存的心理需求。

(二)动机分析

动机是指引起人们从事某种活动,并指引行为去满足一定需要的愿望、意图、信念等。事实上,专业技术人员的工作动机生于需要,由于需要欲望而导致心理紧张的结果,就产生了内在驱动力,即动机。然而动机产生还须有外部条件,即外界环境的允许程度。动机有强弱之分,根据弗洛姆期望理论的观点,动机的强弱与行为实现对其本人的价值大小的分析和实现行为可能性大小关系极大,若行为效果价值大,实现概率大,则动机强烈;反之,则反应平淡,积极性不高。通过对专业技术人员工作动机的具体分析,对工作行为进行适当调控,提高或降低目标价值,增大或减少实现概率,可控制引导动机,为控制具体行为服务。

(三)目标协调

在达到组织目标的同时,要满足专业技术人员的需要,将专业技术人员个人目标与组织目标在最大限度上协调一致,使得目标的实现能够带来专业技术人员个人需要满足的实现,以调动专业技术人员的工作积极性;或者,当组织目标与专业技术人员个人目标在某种程度上冲突时,通过管理过程中的激励工作(如强化激励)修正行为方式,向有利于组织目标实现的方向前进。

激励的运用是以人的需求为突破口的,它通过满足人的需求以促进其工作积极性。人的需求千差万别,看似非常繁杂,其实可以归纳为两种:物质需求和精神需求,亦即人们平常所说的"功利"。功即荣誉地位、自我成就、理想抱负等精神需求,利即物质利益。针对上述两种需求,也就有以此为基础的物质激励手段和精神激励手段,与这两种手段对应的方法则不胜枚举。

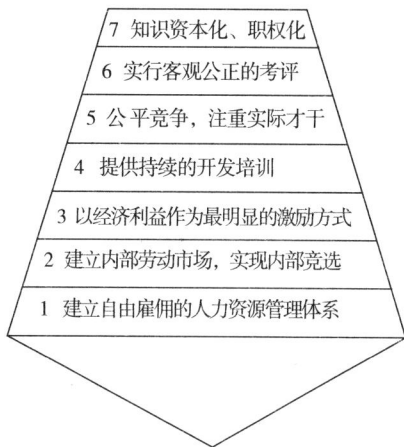

7 知识资本化、职权化
6 实行客观公正的考评
5 公平竞争,注重实际才干
4 提供持续的开发培训
3 以经济利益作为最明显的激励方式
2 建立内部劳动市场,实现内部竞选
1 建立自由雇佣的人力资源管理体系

华为人才激励机制

三、激励模式

现实中,纯粹的精神或物质激励是不存在的,每一种激励方法大都为此二者的综合。针对管理过程而言,我们不妨把专业技术人员激励方法归结为三种模式:

(一)目标激励模式

恰当的目标是激励工作的前提。心理学家洛克在1697年提出一种论点,认为争取达到目标是完成工作任务的最直接动机,外来的刺激因素,如奖励、对工作结果的了解、社会的压力等,都通过影响目标再影响动机。霍尔等人于1790年更论证了设置目标可起良性的心理循环作用。目标促进努力,努力产生成绩,成绩增强自尊心和使命感,从而产生更高的目标。

(二)参与激励模式

参与激励模式,即在管理过程中,专业技术人员通过对组织管理活动的参与,增加了对组织目标的自我关注,发挥了创造性、积极性和主动性,展现出了更高的工作效率,加快了组织目标与个人目标的实现。

(三)成就激励模式

即通过提职提薪或提供更好的工作条件等方式,使那些对组织目标的完成有成就感的专业技术人员焕发出更大的工作热情,使其维持一种为组织的下一个目标而工作的积极性和上进心理。与此同时,对那些影响正常工作的行为进行惩罚,即负激励。当然,此种激励方式要放到一种较为次要的地位,尽量少用,以免产生负面效应。

实际上,在管理过程中,激励方法是无限多样的,问题关键不在于枚举归纳,而在于创新和应用。激励方法要因人而异,要有很强的针对性。人的需求很多,不同的人又需求各异,如不针对具体对象采取恰当方式,激励措施就有可能劳而无功,失去意义。

第六节 构建与创新专业技术人员考核激励机制

构建与创新专业技术人员考核激励机制,对于提升专业技术人员工作积极性、激发专业技术人员内生动力、促进专业技术人员发挥创新创造精神,具有重要意义。

一、建立科学的考评指标体系

专业技术人员的考核和激励主要通过绩效考核得以实现。绩效考

核的指标体系设计要科学、合理,注意做好三个方面工作:

(一)科学合理地确定考核指标

要根据专业技术人员的工作特点、岗位需要和聘期目标,选择能够反映其主要技术业务工作的基本要素,确定考核指标。通常可以从关键业绩指标、日常业绩指标、例外指标三个方面考虑:关键业绩指标是专业技术人员当月的重点工作;日常业绩指标是专业技术人员的日常 工作;例外指标是个人的突出贡献或严重差错,即通常所说的加分项或扣分项。

(二)量化绩效考核指标

由于各职能部门专业技术岗位的工作基本上是定性的多,定量的少。因此,考核指标要做到能量化的量化,不能量化的尽量细化,不能细化的尽量流程化。通过考核指标的量化,任何人都可以根据这些硬指标给专业技术人员评分,考核结果也就不存在个人主观因素,从而保证了考核的客观公正。

(三)考核指标体系必须统一、有效

考核指标体系必须执行统一标准,部门与部门间、层级与层级间、指标与指标间必须有统一的参照标准,避免因指标的相互冲突降低考核的权威性。有效的考核标准是根据工作实际制定的,在订立标准时应对照所要考核的专业技术人员的岗位职责,建立有针对性的、切实符合本单位自身管理要求的指标体系;且所订立的标准应该是可

员工绩效考核评估表

以达成、易于明确了解且可衡量的。在确定考核的内容指标时,每一项考核的结果都必须以充分的事实材料作为依据,避免凭主观印象考核所产生的各类问题。

专业技术人员的绩效考核内容,要以履行岗位职责或任期目标的工作实绩为主,对照不同的专业系列,岗位职责以及这些专业、岗位的不同层次来决定。考核内容要有明确的数量、质量和效益的要求,并坚持与实际工作相结合,做到从事什么工作,考核什么内容,体现科学定量的原则。同层次不同专业类别人员的公共基础考核项目应坚持同一标准,增强考核结果的横向可比性,达到激励的目的。一般来讲,对专业技术人员的考核,主要应考核德、能、勤、绩几个方面,重点考核岗位工作的实绩和贡献。

二、坚持公平客观的考核激励原则

考核激励应体现公平的原则,坚持群众评议与上级考核相结合、定期考核和日常考核相结合、定性分析和定量考核相结合、个人述职和评议考核相结合。在具体的绩效考核中,既要听取被考核对象内部的意见,也要听取被考核对象的服务对象的意见。要把专业技术人员的素质、智能和工作实绩等方面结合起来进行综合分析,减少考评人员的主观影响,增加考评的客观性,提高考评结果的准确性和科学性。要建立客观公正的群众公认体系,通过扩大群众的参与范围提高绩效考核的真实性,真正做到知人善用。

专业技术人员的考核通常是由主管领导在听取群众意见的基础上,根据平时考核和个人总结写出评语并经考核领导小组同意。人事部门将考核结果汇总,确定优秀、称职、基本称职和不称职人员的名单(优秀一般不超过 15%,基本称职 5%～10%,不称职 5% 以内),提出晋升和奖惩意见,报考核工作领导小组审定,单位行政正职批准后,将考核结果通知本人。

绩效考核结果需要公开公示,并采取适当形式向群众反馈测评结果,接受群众监督。这不仅是考核工作民主化的反映,也是组织管理科学化的客观要求。考核评价做出以后,要及时进行考核面谈,由上级对下级逐一进行,将考核结果反馈给专业技术人员,使他们了解自己的业绩状况和考核结果,也使管理者了解下级工作中的问题及意见,创造一个公开、通畅的双向沟通环境,使考评者与被评对象能就考核结果及其原因、成绩与问题及改进的措施进行及时、有效的交流,在此基础上制定专业技术人员未来事业的发展计划。

三、注重多种激励方法综合运用

要根据专业技术人员的需求采用不同的激励方法。常见的激励方法有正激励(发放工资、奖金、津贴、福利等)、负激励(扣罚奖金等)两种。工作激励是把专业技术人员放在他喜爱的岗位上,并在可能的条件下轮换岗位以增加新奇感。参与激励是让专业技术人员通过参与企业的重要工作,增强他们对企业的归属感、认同感。此外,荣誉激励在企业中的运用也很普遍。

相关链接

正激励与负激励

所谓正激励,就是当一个人的行为表现符合组织目标或社会需要时,通过奖赏的方式来强化这种行为,以达到调动工作积极性的目的。所谓负激励,是指当组织成员的行为不符合组织目标或社会需要时,组织将给予惩罚或批评,使之减弱和消退,从而来抑制这种行为。

企业要建立一个"事业留人、感情留人、待遇留人"的机制。事业留人,就是努力为专业技术人员提供施展才华的舞台,使其事业有成。感情留人,就是要通过感情投入,营造一个尊重知识、尊重人才、关心人、信任人的氛围,为专业技术人员解除后顾之忧。待遇留人,就是要建立健全专业技术人员使用的管理机制,通过建立完善岗位责任、考核激励、工资、晋升、奖励等各项制度,为专业技术人员提供相应的优惠待遇,体现其劳动的使用价值。

以上几个方面的工作紧密联系,相辅相成,是做好专业技术人员绩效考核和激励的重点和关键。管理是科学,更是一门艺术,人力资源管理是管理人的艺术,是运用科学的手段、灵活的制度调动人的情感和积极性的艺术。企业的发展离不开人的创造力和积极性,要重视对专业技术人员的考核激励,要根据实际情况,综合运用多种激励机制,把激励的手段和目的结合起来,改变思维模式,在实际工作中认真把握,逐步完善,以推动专业技术人员绩效考核工作的不断进步,不断激发专业技术人员的内生动力。

思考探讨

1. 如何正确运用激励原则?

2. 专业技术人员的激励理论和激励模式有哪些?

3. 如何构建多元化的专业技术人员薪酬制度?

第六章　营造专业技术人员集聚内生动力的社会氛围和制度环境

第一节　激发专业技术人员内生动力，推进创新驱动发展

创新是引领发展的第一动力，是建设现代化经济体系的战略支撑。党的十八大以来，创新驱动发展战略大力实施，创新型国家建设成果丰硕。党的十九大报告强调坚定实施创新驱动发展战略，提出到2035年将跻身创新型国家前列的目标，这吹响了加快建设创新型国家的强劲号角。

创新驱动发展是立足全局、面向全球、聚焦关键、带动整体的国家战略，是党中央综合分析国内外大势、立足我国发展全局作出的重大战略抉择，契合我国发展的历史逻辑和现实逻辑。从全球范围看，创新发展是国际竞争的大势所趋。当前世界范围内新一轮科技革命和产业变革加速演进，我国只有切实增强危机意识和忧患意识，努力在创新发展上进行新部署、实现新突破，才能跟上世界发展大势，把握发展的主动权。从历史维度看，创新发展是民族复兴的国运所系。国家实力归根到底是由创新能力决定的。我国只有真正用好科学技术这个最高意义上的革命力量和有力杠杆，走出一条从人才强、科技强到产业强、经济强、国家强的发展路径，才能顺利实现中华民族伟大复兴的中国梦。就现实而言，创新发展是国家发展的形势所迫。当前是我国全面建成小康社会决胜阶段，能否成功转变发展方式、推进产业升级、跨越"中等收入陷阱"，关键是看能否依靠创新打造发展新引擎、培育增长新动力，为我国创造

一个新的更长的增长周期。创新驱动发展既是破解我国当前经济发展深层次问题的必然要求,也是为长远可持续发展打造新动力的根本之道。

实施创新驱动发展战略,关键在于人才。人才主导发展格局,创新改变世界版图。"创新驱动实质上是人才驱动。"习近平总书记的重要论断,深刻揭示了人才与创新的关系,指明了创新驱动发展战略的突破口和着力点。实施创新驱动发展战略,必须加快建设创新型人才队伍,大力提高人才的创新创造能力,充分发挥人才在创新发展中的引领作用。

专业技术人才尤其是创新型科技人才是创新的根基,也是创新的核心要素。一个高水平科技人才引领一项科技创新,可以催生一个产业,带动一方发展,影响乃至改变世界。李四光创立地质力学,提出陆相成油理论,让黑土地上涌出滚滚石油,中国摘掉"贫油国"的帽子;袁隆平发明杂交水稻,解决十几亿人的吃饭问题,演绎"一粒种子改变世界"的神话;王选开发汉字激光照排系统,古老的中国印刷术开启第二次革命,告别铅与火,迎来光与电……无数生动实践证明,人才是创新驱动的"核心要素""动力引擎"。

专业技术人员作为专门知识的拥有者、利用者和传播者,是促进生产力进步,带动知识和技术创新,推动社会经济发展的重要力量。在各行各业中,专业技术人员都发挥着先锋骨干的作用,在社会不同领域为我国的现代化建设做出了巨大的贡献。当前,我们深化科技体制改革,出发点就是激发专业技术人员的内生动力,提高专业技术人员的创新创造能力,充分发挥专业技术人员在创新驱动发展战略中的重要作用。

激发专业技术人员的内生动力,不仅需要有吸引力的待遇,还要有良好的人才管理体制机制,否则人才创新活力必然受到束缚、难以充分涌流。2016年3月,中共中央印发了《关于深化人才发展体制机制改革的意见》,提出深入实施人才优先发展战略,遵循社会主义市场经济规律和人才成长规律,破除束缚人才发展的思想观念和体制机制障碍,解放和增强人才活力,构建科学规范、开放包容、运行高效的人才发展治理体系,形成具有国际竞争力的人才制度优势。2017 年 4 月,科技部印发了《"十三五"国家科技人才发展规划》,提出逐步形成有利于创新型科技人才成长和发挥作用的良好环境,激发全社会创新创业活力,推动创新成果有效转化,为创新型国家建设提供强大的科技人才队伍保证。这两个文件,旨在充分发挥人才第一资源的重要作用,破除一切制约创新的思想障碍和制度藩篱,激发包括专业技术人才在内的各类人才的创新创业积极性,激发全社会创新活力和创造潜能,营造大众创业、万众创新的政策环境和制度环境。

实施创新驱动发展战略,加快建设创新型国家,必须最大限度激发专业技术人员内生动力,最大使专业技术人才充分释放创新梦想和创造激情,使专业技术人才各尽其能、各展其长、各得其所,这是创新驱动活力之所在、根本之所在。

第二节　尊重专业技术人员的主体地位

专业技术人员的主体地位,是指专业技术人员是各级各类组织和企事业单位人员的构成要素,是各级各类组织和企事业单位组织建设和事业发展的主体,在各自的专业技术岗位上积极发挥作用并居于重要地位。尊重专业技术人员的主体地位的关键在于重视其存在价值,让专业技术人员感觉组织对他的重视。对于专业技术人才,要做到"以用为本";对于专业技术人员的管理,要坚持"以人为本"。这是尊重专业技术人员主体地位的表现,对于专业技术人员内生动力的激发具有非常积极的意义。

一、以用为本

人才以用为本,就是要把用好人才、用活人才作为人才工作的核心。

以用为本的"本"指的就是本源,就是根本,就是出发点和落脚点。人才工作包括培养人才、使用人才、吸引人才、留住人才等各个方面,其中用好用活人才是根本。人才只有在使用中才能发挥效能,才能变为造福于人类的生产力。如果不能合理地使用人才,培养和吸引的人才越多,浪费越大。

这里的"用"是指要用好。在生产力构成诸要素中,人是最活跃、最革命、最积极的因素,劳动工具、物质的劳动对象只有与人的因素相结合,才能创造出巨大的生产力。衡量用好用活人才的标准,主要有以下几个方面:一是人岗相适。要把人才放在其擅长的岗位,让人才的素质、能力适应岗位的要求,尽可能做到专业对路。懂医学的让他当医生,去给病人看病;懂软件的就让他成为软件工程师,去搞软件开发。要根据人才才能的高低确定合适的职位,古语云"称其任,则政立;枉其能,则事乖"。对于人才的使用既不能大材小用,也不能小材大用。前者容易造成人才的流失,后者则会造成工作难以有效开展。二是用当其时。人才都有最佳使用期。对创新创业人才来说,用当其时需破除论资排辈、求全责备、迁就照顾等陈旧观念,充分发挥青年人才富有朝气、创新精神等特点,让人才在年富力强时建功立业。三是人尽其才。在用才过程中,要以"能力发挥""能力胜任"为标准,包容个性,善待差异,用其所长,对于有发展潜力的拔尖人才,敢于投入、鼓励尝试、宽容失败,让他们心无旁骛搞创新;对于事业发展急需的领军人才,大胆使用、放手发展,不仅给位子,还要给实惠、给荣誉;对有闯劲且又富有争议的人才,坚持原则、力排众议,把他们放到经济建设和社会发展的主战场,接受急难险重等复杂环境考验。同时,引导和推动人才与产业对接、与园区对接、与项目对接、与创新攻坚对接、与基层需求对接,为人才提供平台,让其在各自最擅长的工作岗位工作,在产业项目发展壮大中发挥作用。尤其要敢用那些认识处理问题的角度、方法常常新于众人、高于众人,善于独立思考、勇于标新立异、不断开创新局面的人才,充分发挥人才的创新创造力。

相关链接

称其任,则政立;枉其能,则事乖

"称其任则政立;枉其能则事乖"出自《白居易集·策林》,意思是:能胜任其职务的,政事就处理得好;用非所能的,事情就办不好。

做到人才以用为本,要解放思想,更新思想观念,破除"官本位""任人唯亲""求全责备""画地为牢""论资排辈"等陈腐观念,特别是影响和制约人才发挥作用的思想观念问题。思路一变天地宽。形成具有国际竞争力的人才制度优势、聚天下英才而用之,必须首先树立新思想、新理念,充分发挥市场配置人才资源的决定性作用,坚决摒弃旧的意识、旧的理念在思路上、习惯上、行动上的束缚,在思想深处真正"树立强烈的人才意识,寻觅人才求贤若渴,发现人才如获至宝,举荐人才不拘一格,使用人才各尽其能"。当下最主要的是,要以新思想新理念新视角,找准制约人才发挥才能的瓶颈和短板,找准用好用活人才的切入点和突破口,以开放的姿态、优惠的政策、宽广的舞台、有力的措施,善用、敢用、重用各类人才,给予他们充分的信任、足够力度的支持。

做到人才以用为本,要创新体制机制,要紧紧围绕有利于人才发挥作用、提高人才效能,着眼于用好用活人才、提高人才效能,改革完善培养开发、评价发现、选拔任用、流动配置、激励保障等一整套用人机制,充分发挥市场在人才资源配置中的决定性作用和用人主体的主导作用。要坚持需求导向,根据国家重大发展战略、提高自主创新能力和产业结构优化升级的需要,按照分类指导的原则提高政府宏观人才调控与服务能力,强化人才培养引进与经济社会发展的衔接。要坚持唯才是举、唯才是用、机会均等,破除人才使用中不合理的学历壁垒和歧视性政策,坚持竞争择优、双向选择,在实践中发现人才,以绩效贡献评价人才,形成与社会主义市场经济相适应的人才选拔使用机制。大力完善合理的人才流动机制,以人才发挥作用为导向,遵循社会主义市场经济规律和人才成长规律,破除束缚人才发展的体制机制障碍,解放和增强人才活力,实现政府人才与企业人才、公有制经济组织人才与非公有制经济组织人才、国内人才与国际人才之间的有序流动,构建具有国际竞争力的人才制度优势,把各方面优秀人才引向经济社会发展主战场,集聚到党和人民事业中来。

人才发展以用为本,就是要从大国崛起、民族复兴的需要出发,要坚持不求所有,但求所用,大胆突破制约人才流动的身份、国籍、户籍、学历、人事档案等体制机制障碍,以"千金市骨"的气概广聚天下英才,促使人才在自由流动中得到充分使用,最大限度地实现自我价值。

二、以人为本

以人为本的人才观是当代中国人与社会发展的价值选择,是以现实的人为内在实质和价值根本的人才观。其具体内涵为:以人性为本,人人皆有才性;以人的发展为本,人人皆可成才;以人的价值实现为本,人尽其才。

在人才工作上坚持"以人为本",体现了马克思主义的基本观点。马克思在《资本论》中设想,"未来新社会是以每个人的全面而自由的发展为基本原则的社会形式"。在《共产党宣言》中,进一步将人的发展概括为"每个人的自由发展是一切人的自由发展的条件"。可以说,"人的全面发展"始终是马克思、恩格斯关注的重大问题之一。因此,重视人的作用,一切为了人,是马克思主义关于"人的全面发展"思想的本质涵义。

人的全面发展

人的全面发展最根本是指人的劳动能力的全面发展,即人的智力和体力的充分、统一的发展。同时,也包括人的才能、志趣和道德品质的多方面发展。人的全面发展是指人的劳动能力,即人的体力和智力的全面、和谐、充分 的发展,还包括人的道德的发展。人的发展同其所处的社会生活条件是相联系的,旧式分工造成了人的片面发展,机器大工业生产提供了人的全面发展的基础和可能,社会主义制度是实现人的全面发展的社会条件。

在人才工作中坚持"以人为本",不仅符合马克思主义思想,而且是马克思主义关于"人的全面发展"思想的本质要求。企事业单位作为社会的一个重要组成部分,也要遵循马克思主义关于"人的全面发展"的思想理论,因此,在人力资源管理的过程中,要坚持"以人为本",尊重专业技术人员的主体地位,大力倡导人文关怀,充分调动专业技术人员的活力,激发内生动力。坚持"以人为本",要做到"三个必须"。

(一)必须把实现人的全面发展作为出发点和落脚点

在组织管理过程中,坚持以人为本就是对专业技术人员主体作用和地位的肯定。坚持以人为本是组织管理者思考和行动的出发点和落脚点,我们既要为专业技术人员的生存发展创造有利条件,又要充分发挥专业技术人员的主动精神,最大限度地激发和调动专业技术人员的工作积极性和创造性。

尊重人、理解人、关心人,不断激发专业技术人员的创造活力,是组织持续发展的重要基础。尊重人,就是要尊重专业技术人员主体地位和价值,就是尊重专业技术人员的权利、尊严和个性,尊重专业技术人员的创造性。同时,还要理解专业技术人员,相互理解是化解矛盾、保持组织稳定的重要环节。更要关心专业技术人员,关心专业技术人员的思想、学习、工作和生活,让专业技术人员真正体会到组织的温暖,从而不断激发和增强专业技术人员的归属感。

（二）必须充分发扬民主，保障员工权利

我们倡导"以人为本"、"人文关怀"，体现在组织管理中，前提就是要尊重专业技术人员的主体地位，在管理中发扬民主，尊重专业技术人员的权利。组织管理者要树立正确的权力观，自觉接受专业技术人员的监督、评议和质询；要重视和保障专业技术人员应有的权利，健全利益协调机制和专业技术人员利益表达渠道，体现民主管理的特征和优势；要尊重和保障专业技术人员应有的权利，建立与现代组织要求相适应的民主参与、民主管理、民主决策和民主监督制度，保障专业技术人员的知情权、参与权和监督权，为专业技术人员创造公开、公平、公正的民主政治环境。

（三）必须通过培训提升专业技术人员

坚持以人为本，注重人文关怀，不仅要尊重人、理解人、关心人，还要教育人、完善人、发展人、成就人。要大力营造鼓励专业技术人员干事业、干成事业的外部环境，为专业技术人员搭建成长的舞台，挖掘和调动专业技术人员内生动力，促进专业技术人员全面发展。同时，要结合组织实际情况，广泛开展专业技术人员素质工程建设，认真研究并制定专业技术人员长期和短期培训计划，大力开展专业技术人员政治思想教育、业务培训和技能培训。通过这种有针对性、多形式地培训和实践，能促使专业技术人员提升自身的政治素养、工作能力和技能水平，实现个人的有效发展，进而推动组织持续发展。

第三节　尊重专业技术人才的成长规律

习近平总书记提出，要"择天下英才而用之"，关键是要"遵循社会主义市场经济规律和人才成长规律"。这就要求我们认识规律、尊重规律、按规律办事，不断提高人才工作科学化水平。人才的培养、开发和使用是一门科学，遵循规律则事半功倍，违背科学则事倍功半。什么是人才成长规律？就是人才成长过程中带有普遍性的客观必然要求。我们讲的专业技术人才成长规律，主要包括以下几个方面。

一、扬长避短规律

人各有所长，也各有所短，这种差别是由人的天赋素质、后天实践和兴趣爱好所形成的。成才者大多是扬其长而避其短的结果。对于领导者来说，扬长避短是让其下属做自己最擅长最喜欢的事，这样有利于提高其工作效率，能够在相同时段、相同投入的条件下取得最大的成效。反之，如果用短舍长，既难以把工作做好，又容易造成事倍功半的结果。古人云：骏马犁田不如牛，坚车渡河不如舟。人才成长往往是领导者用其所长的结果。

根据扬长避短的规律，我们对于专业技术人员的使用，应该尽量做到用人所长，避免造成人才浪费。

二、师承效应规律

师承效应，是指在专业技术人才教育培养过程中，徒弟的德识才学得到师傅的指导、点化，从而使徒弟在继承与创造过程中少走弯路，达到事半功倍的效果，有的还形成"师徒型人才链"。美国有项统计，一半以上的诺贝尔奖获得者曾经跟高明的老师学习过；而且，跟高明老师学习的人比跟一般老师学习的人获奖时间平均提前 7 年。能否产生师承效应，不是任何一方的主观愿望所能决定的，这里有种种因素的制约。比如，师傅不愿传授或徒弟水平太低。学者们认为，这里有一个"双边对称选择"的原理。双边对称指的是师徒双方在道德人品、学识学力与治学方略三个方面是对称的。

根据师承效应规律，培养专业技术人才要重视发挥师承作用，要强调双方的自主选择和相互对称。

相关链接

把握人才的实践性特征

实践的观点是马克思主义最为基本的观点。毛泽东同志在《实践论》中指出：人类的生产活动是最基本的实践活动，是决定其他一切活动的东西。只有在社会实践过程中，人们达到了思想中所预想的结果时，人们的认识才被证实了。人们要想得到工作的胜利即得到预想的结果，一定要使自己的思想合于客观外界的规律性，如果不合，就会在实践中失败。人才作为社会实践的主体，其成长过程实质就是其社会实践过程。人才工作的根本任务就是在实际工作中发现人才，在使用过程中评价人才，在干事创业中培养人才。

三、马太效应规律

人才做出贡献是一件不容易的事，而这种贡献得到社会承认就更不容易。这是美国科学史家罗伯特·默顿发现的一种社会现象。默顿指出，社会对已有相当声誉的科学家做出的特殊科学贡献给予的荣誉越来越多，而对那些还未出名的科学家则不肯承认他们的成绩。联系到《圣经》第二十五章"马太福音"上讲的"有者容易愈有，无者容易愈无"，他把这种现象命名为"马太效应"。"马太效应"是一种社会惯性，不利于年轻人才脱颖而出。

根据"马太效应"规律，专业技术人才工作不仅要关注已经成名的"显人才"，更要给那些具有发展前途的"潜人才"以大力支持。

四、最佳年龄规律

研究发现，从创造到成才有一个最佳的年龄段。从全世界的范围看，在一定的历史时期内，最佳成才年龄区是相对稳定的。有学者对公元1500年—1960年间全世界1249名杰出自然科学家和1928项重大科学成果进行统计分析，发现自然科学发明的最佳年龄区是25—45岁，峰值为37岁。当然，依专业领域的不同，最佳年龄区也有所不同，特别是随着人类知识的进步，最佳年龄区也会发生前移或后推的变化。但从总体看，人才的成长都要经过继承期、创造期、成熟期和衰老期四个阶段。创造期是贡献于社会的最重要的时期。

根据最佳年龄规律,在专业技术人才工作中,应该把资助重点放在处于最佳年龄区内的人,以利于多出成果、多出人才。

五、期望效应规律

期望效应是现代管理激励理论的一个重要发现。这种理论认为,人们从事某项工作、采取某种行动的行为动力,来自个人对行为结果和工作成效的预期判断。包括三个要素:一是吸引力。就是工作对人才的吸引力越大,他的干劲就越大,取得成就的可能性就越大;二是成效和报酬的关系。就是完成工作后获得的收益越大,他的工作积极性就越大;三是努力和成效的关系。就是经过努力,个人实现目标的可能性越大,他的进取精神就越强。

根据期望效应规律,对专业技术人才的培养,应注意在全社会加强成就意识的教育,增强他们为国家富强、人民幸福而奋斗的使命感和责任感,同时,大力提高专业技术人才的社会地位和经济待遇,尤其应为各个领域的高级人才提供良好的物质条件和社会保障。

六、累积效应规律

人口资源、人力资源与人才资源是一个逐层收缩的金字塔,塔基为大多数居于生产一线的技术型实际操作人员即中级人才或者初级人才,塔顶则为少数高精尖研究人员、组织指挥人员即高层次人才。建筑物的高度都是与其基础的宽实程度成正比的,人才队伍建设也是如此。高层次人才的生成数量取决于整个人才队伍的基数,国外学者还计算出了二者之间的相关系数。

人才队伍建设的累积效应规律告诉我们,建设专业技术人才队伍时,目光不能仅仅盯在高层次人才上,而要放眼专业技术人才队伍整体,要注意专业技术人才队伍层次结构的协调，以高层次专业技术人才队伍建设为战略要点，推动整个专业技术人才队伍的健康发展。

七、共生效应规律

共生效应也叫群落效应，是指人才的生长、涌现通常具有在某一地域、单位和群体相对集中的倾向。具体表现为"人才团"现象，就是在一个较小的空间和时间内，人才不是单个出现而是成团或成批出现。其特征是：高能为核，人才团聚，形成众星捧月之势。主要包括三种情况：一是地域效应。所谓人杰地灵。某一地区因为历史传统或其他原因，往往产生、汇集了某一方面的大量人才，处在这个地域的人，如果努力，会比其他地域的人更容易成才；二是时代效应。时势造英雄，不同的历史年代，有不同的时尚和需要，从而推动相应领域的人才大量产生；三是团队效应。目标科学、结构合理、功能互补、人际关系融洽的团队，有利于一大批成员都取得良好的成就。

根据共生效应规律，在专业技术人才造就上应注意探索共生效应的内在机制，以利大批培养和发现人才。

八、综合效应规律

凡人才，其成功与发展都离不开两个条件：一是自身素质，二是社会环境。前者决定其创造能力之大小，后者决定其创造能力发挥到什么程度。人成其才，才尽其用，说到底，是这两个方面诸多因素交互作用的结果。

就人才环境优化而言，往往需要形成一种"综合效应"，比如，要创造人才辈出的良好环境，既要有人事管理体制的改革，又要有经济体制、科技体制、教育体制以及社会保障制度等各方面的改革相配套；既要重视物力投资、科研设备一类硬环境的优化，又要重视学术氛围、社会风尚等软环境的优化等等。英国有一个卡文迪许实验室，自成立以来，先后产生了 12 个诺贝尔奖获得者,成为世界科学史上少有的人才辈出的研究机构。究其原因,除良好的科研条件,就是在学术带头人选拔、学术交流、人才评价上很有特色,终于营造出有利于产生和聚集优秀人才的良好环境。

根据综合效应规律,在专业技术人才队伍建设中,一定要树立大环境观,从多个方面狠抓落实,只抓一点,不及其余,难有大的成效。

济济多士,乃成大业;人才蔚起,国运方兴。我们要认识和把握专业技术人才成长规律,遵循和运用专业技术人才成长规律,善于发现、团结和使用人才,让人人皆可成才、人人尽展其才,努力开创人才群起、大展宏图的生动局面。

第四节　建立专业技术人才管理新机制

专业技术人才管理是一项综合性工程,要从全局的角度出发,统筹协调各项工作,建立管理新机制,全面推进专业技术人才队伍建设,努力把各类优秀专业技术人才凝聚到新时代中国特色社会主义建设的伟大事业中来,加快构建一支能够满足经济社会发展需要,数量充足、结构合理、素质优良、富有创新活力的专业技术人才大军。

一、要创新人才培养机制

（一）正确定位人才培养目标

基于人才培养机制的创新,其根本目的是为了更好地培养社会所需要的人才,因而人才培养目标从根本上规定着人才培养机制创新,包括机制创新的方向、要求和基本内容。换句话说,人才培养机制创新取决于人才培养目标。据此,要科学而有效地创新人才培养机制,首先要正确定位人才培养目标。关于人才培养目标定位问题,《国家中长期人才发展规划纲要（2010－2020）》（以下简称《人才纲要》）明确指出:未来 10 年我国"突出培养创新型人才,注重培养应用型人才";并就培养创新人才在

《人才纲要》全文中多次反复地加以强调和重申。不仅如此,《人才纲要》还把"突出培养造就创新型科技人才",作为国家人才队伍建设主要任务中的首要任务。研究表明,构成创新型人才素质的特征要素:一是创新意识,包括创新的意向、兴趣和积极性,正确的创新动机;二是创造才能,包括创造性思维能力和创造性实践能力;三是创造个性,包括事业心、进取心理、自信心理、勇敢心理、坚韧心理、独立自主心理等。应用型人才,包含工程型人才和技能型人才两个层次。其基本特征:直接有用性,反映在能力的特征要素上,作为应用型人才应具备解决职业岗位实际问题的职业针对性能力、适应市场变化的职业岗位转换能力。可见,人才培养机制创新应有利于创新型人才和应用型人才上述特征要素的开发。换句话说,创新型人才和应用型人才的特征要素应视为创新人才培养机制的出发点和落脚点。

(二)建立人才培养新体制

1.树立多元培养主体的理念

这是建立人才培养新体制的思想基础。传统观念总认为,创新型人才培养主体仅是高等院校和科研院所,忽视企业在培养创新型人才中的作用。企业是社会创新的主体,是创新型人才特别是创新型科技人才成长的载体和平台。事实上,发达国家和我国培养造就创新型人才的成功经验也说明这点。基于这样的理念和事实,创新型人才培养主体应是多元的,高等学校、科研院所、企业等均是培养主体。对此,在《人才纲要》中得到充分体现。这是创新型人才培养主体的重大突破。

2.建立产学研合作培养人才新体制

基于上述的理念,《人才纲要》出台的"实施产学研合作培养创新人才政策"作为人才发展十大重大政策之一,该政策具体提出:"建立政府指导下的以企业为主体、市场为导向、多种形式的产学研战略联盟"。在此后颁布的《国家中长期教育改革和发展规划纲要(2010—2020年)》(以下简称《教育纲要》)中又明确提出:"创立高校与科研院所、行业、企业联合培养人才的新机制"。这样,可充分综合发挥上述各方培养人才的优势,弥补各自培养人才的局限性,有利于拔尖创新型人才的培养造就。

3.建立中外合作培养人才新体系

《人才纲要》在具体阐明"突出培养造就创新型科技人才"时明确指出:建立"国内培养和国际交流合作相衔接的开放式培养体系"。该体系的提出,是符合创新型人才特别是高层次创新型科技人才成长原理的。人才要科技创新,必须要了解掌握世界本领域科技发展的前沿和动向,而国际交流合作是有效的途径。事实也证明,我国高层次创新型科技人才成长,多是国内培养与国际交流合作相结合的产物。

(三)创新人才培养模式

1.实践式培养模式

这是指让受教育者在实践行动中磨练成长的培养人才模式。该模式是人才成长规律性所要求的。人才学表明,人才成长是以创造性实践作为中介的内外诸因素相互作用的综合效应。其中创造实践在人才成长中起决定性作用,具有第一位的决定性意义,没有创造实践,就没有人才及其发展。培养应用型人才尤为如此。何况,实践式培养模式,也是集聚和培养创新型人才有效经验的运用。对此,《人才纲要》多次反复强调,在论述"突出培养造就创新型科技人才"时指出:"加强实践培养,依托国家重大科研项目和重大工程、重点学科和重点科研基地、国际学术交流合作项目"等,又在阐述"实施产学研合作培养创新人才政策"时,又进一步提出:"实行人才+项目"的培养模式。可见,在创造实践中培养创新型人才的模式,既具有科学性、又具有实效性。

2.合力式培养模式

这是指通过多元培养主体合力培养人才的模式。该模式是培养高层次创新型科技人才所要求的,也是人才培养主体多元性所决定的。《人才纲要》明确提出,通过产学研联盟,"共建科技创新平台,开展合作教育,共同实施重大项目等方式,培养高层次人才和创新团队"。《人才纲要》又在"高技能人才队伍"建设部分提出："大力推行校企合作、工学结合和顶岗实习"等举措，合力式培养高技能人才。

3.衔接式培养模式

这是指各类各层次教育相衔接培养人才的模式。该模式是人才成长过程转化规律和人才开发系统原理所要求的。人才培养要遵循"人才源"→"潜人才"→"显人才"→"高级显人才"的成长转化过程。对此，《人才纲要》提出"国内培养与国际交流合作相衔接"的培养模式，并提出"制定高技能人才与工程技术人才职业贯通办法"。

4.探究式培养模式

这是指以发现和探索问题为核心的人才培养模式。该模式是创新型人才本质属性所要求的，也是创新型人才成长理论的具体运用。勤于思考，善于"质疑"，这是科学发现的起点、人才成功的基础。《人才纲要》提出："探索并推行创新型教育方式方法""突出培养科学精神、创造性思维和能力。"

5.开放式培养模式

这主要是指面向世界的中外合作培养人才模式。该模式不仅是培养创新型人才特别是高层次创新型人才的内在需要，而且是"培养大批具有国际视野，通晓国际规则，能够参与国际事务和国际竞争的国际化人才"的急需。为此，《人才纲要》提出："开发国（境）外优质教育培训资源"、"支持高等学校、科研院所与海外高水平教育科研机构建立联合研发基地"、"建设一批海外高层次人才创新创业基地"。要达到上述要求，一方面要进一步加大对外国教育资源的开发力度，利用我国政府加入WTO时对教育服务方式"境外消费""商业存在""自然人流动"的承诺，通过"联合办学""项目合作""聘用兼职""研讨交流"等多种形式，积极引进和利用外国优质教育培训资源，使人才、资金、技术、设备等为我所用。另一方面，加大对外国教育培训市场的渗透力度，可利用《服务贸易总协定》（GATS）的最惠国待遇原则，运用CS战略，在海外建立中外合作的有特色的培训机构和基地，加大本土人才出国培训力度。

二、创新人才评价机制

治国经邦，人才为急。在全面深化体制机制改革进入攻坚阶段的关键时期，人才已经成为国家加快实施创新驱动发展战略的第一资源，如何使用好、评价好这一资源成为当前各地各部门面临的现实问题。"人才政策方面手脚还要放开一些"，习近平总书记这句话寥寥数语，给我们人才工作提出了新的、更高的要求。经济新常态下，实现经济的发展升级，亟须创新人才评价机制，激发人才创新活力。

人才评价作为识才、爱才、敬才、用才、留才的重要依据，是吸引更多优秀高端创新型人才的"梧桐树"，也是评估政府人才服务机构服务质量和效益的标准之一。很多地方和部门一直沿用传统粗放型的人才管理模式，评价人才仅仅是通过考核干部的方式对人才既往知识、已有资历、以往业绩和过往成果作出判断，更多关注的是人才的过去而不是未来发展，没有真正科学严谨的评价人才，过去的人才评价模式已经不能适应当今迅速发展的经济社会，尤其不适合评价创新型人才，并会挫伤人才的积极性，我们要在不断调整中找到新的平衡点。

"时人不识凌云木，直待凌云始道高"。创新型人才是发展中的"排头兵"，需要有面向未来的勇气，仅凭"加油站"式的评价，不能与时俱进，发掘的角度才是人才未来的风向标，要能为他们的未来发展驻足夯基，人才成果很可能是前人没有做过的，带来的效益也无法估量。丁肇中先生曾说过，创新型人才的发展，必然有个性因素在里面，是不能制度化评价，也没有规律可循。因而对人才的评价，一方面，要搭建起大数据平台，用大数据的思维和手段管理、评价人才，促进创新成果转化；另一方面，更要关注人才的独特性，以弹性、灵活的方式激发人才的创新活力。

相关链接

时人不识凌云木,直待凌云始道高

"时人不识凌云木,直待凌云始道高"出自唐代诗人杜荀鹤的《小松》。这里连说两个"凌云",前一个指小松,后一个指大松。大松"凌云",已成事实,称赞它高,并不说明有眼力,也无多大意义。小松尚幼小,和小草一样貌不惊人,如能识别出它就是"凌云木",而加以爱护、培养,那才是有识见,才有意义。

德才兼备,以德为先是我们党选人用人的一项重要原则。有德无才算不上理想的人才,有才无德同样称不上是合格的人才,对人才的评价不能单纯地只重视才能或技能。"德"好比灯塔,"才"犹如航行的船,无德之才,犹如海上失去方向的船,会误入歧途,而船行驶的愈快,其危险愈大。对德的考核应当通过对人才的政治品德、职业道德、家庭美德和遵纪守法、工作作风、领导能力或驾驭市场经济能力,以及群众口碑等情况进行调查问卷或公示测评,让人才透明化,接受群众和社会的监督,防止少数单位或少数人说了算。

人才评价,具有发现和甄别人才的作用,同时也是人才辈出的基石。2016 年 3 月,中共中央印发的《关于深化人才发展体制机制改革的意见》(以下简称《意见》)提出创新人才评价机制,着重从三个方面作了强调:一是制定分类推进人才评价机制改革的指导意见,突出品德、能力和业绩评价。坚持德才兼备,注重凭能力、实绩和贡献评价人才,克服唯学历、唯职称、唯论文等倾向。不将论文等作为评价应用型人才的限制性条件。建立符合中小学教师、全科医生等岗位特点的人才评价机制。二是发挥政府、市场、专业组织、用人单位等多元评价主体作用,改进人才评价考核方式,加快建立科学化、社会化、市场化的人才评价制度。注重引入国际同行评价。加强评审专家数据库建设,建立评价责任和信誉制度。适当延长基础研究人才评价考核周期。三是制定深化职称制度改革意见,突出用人主体在职称评审中的主导作用,合理界定和下放职称评审权限,推动高校、科研院所和国有企业自主评审。对职称外语和计算机应用能力考试不作统一要求。《意见》指出,清理减少准入类职业资格并严格管理,推进水平类职业资格评价市场化、社会化。放宽急需紧缺人才职业资格准入。

人才作为创新的"试金石",要通过对不同类型不同层面的人才培养,促进人才资本总量的扩张,通过科学有效全面的人才评价,扩大高端创新型人才队伍,使得人才各尽其能,主观能动性得到最大化发挥。

三、创新人才流动体制机制

人才是创新之本,人才健康成长的核心在于顺畅流动。党的十八届三中全会《中共中央关于全面深化改革若干重大问题的决定》中特别强调:"完善党政机关、企事业单位、社会各方面人才顺畅流动的制度体系。"习近平总书记指出要"着力完善人才发展机制。要用好用活人才,建立更为灵活的人才管理机制,打通人才流动、使用、发挥作用中的体制机制障碍"。

目前,我国人才流动还存在许多的体制机制问题,突出表现为"单位人"现象,它束缚了人才手脚、妨碍了人才的顺畅流动,不利于创新驱动战略的实施。突破人才管理体制机制弊端,必须勇于创新、率先改革,实现人才由"单位人"变为"社会人"的顺畅流动。

(一)"单位人"现象是当前人才顺畅流动的主要体制机制障碍

最影响人才流动的体制性因素,就是那些与时代要求不相适应的人才管理制度,核心是"单位人"制度。所谓"单位人",是指依附在人身上的社会属性,包括社会地位、身份、工资福利、职务职级、户籍、档案、编制等手段,将个人的成长、晋升、评价完全和单位捆绑在一起,把人"标签化""禁锢化",这种具有典型计划经济时期特征的人事管理,是与"人才流动化、市场化"的理念相悖的一种表现。这种管理方式的严重弊端突出表现为削弱了人才的竞争性和创造性,阻碍了人尽其才和个性发展,窒息了人才活力与创新。尽管我国改革开放已经近 40 年,但是在人力资源管理领域,却仍然存在着僵化的"单位人"现象,严重妨碍了人才的顺畅流动。

"单位人"导致的人才质量结构畸形。突出表现为我国是人才大国而不是人才强国,呈现"数量优势"和"质量劣势"并存的状况。近年来,随着国家对教育投入力度的加强,接受过高等教育的人口逐年增加,但要实现经济的创新驱动转型,除了基础性人才,更需要高端人才,但在高端人才方面,我国却缺少大师级人才、领军人才、尖端人才。导致此种现象的原因是多方面的,一个重要因素就是"单位人"观念的主导和制度约束,没有促进人才顺畅流动的体制和机制,导致高端人才由于不能流动,而无法实现思想和创新理念的交流碰撞,人才禁锢于自身的"一亩三分地",损坏了产生大师级人才和领军人才的土壤,客观上导致了人才质量结构畸形。

"单位人"导致的人才选拔机制僵化。一方面是选拔的局限性,重本单位、本行业的纵向选拔,忽视跨部门、跨专业、跨区域的横向选拔。无论是在行政事业单位,还是在企业,都存在较为严重的重本单位、本行业的现象。在人才的选拔上缺乏灵活性,必然导致一些人才无法流动,长期被禁锢在一个单位,不能发挥其最大价值,也使一些部门"近亲繁殖"现象严重,影响了部门及相关事业的长期发展。另一方面是"唯身份论",忽视人才的多样性。过于重学历、重背景,"身份论"意识严重。当前,一些企业和部门在选拔人才时,设置了过多的背景、出身条件。如毕业院校必须是"211""985",学历必须是硕士、博士等,人为设阻使人才由于"身份"因素而局限于某个行业,一生困于某一个单位,无法流动,大大削弱了人才的竞争性,忽视人才的多样性和特殊性。

"单位人"导致的人才流动渠道狭窄。突出表现为人才的小范围流动,而缺乏大范围或社会流动,更谈不上市场化流动。人才质量的提升,往往是伴随着人才的流动过程,但是当前的人才管理机制,却在很大程

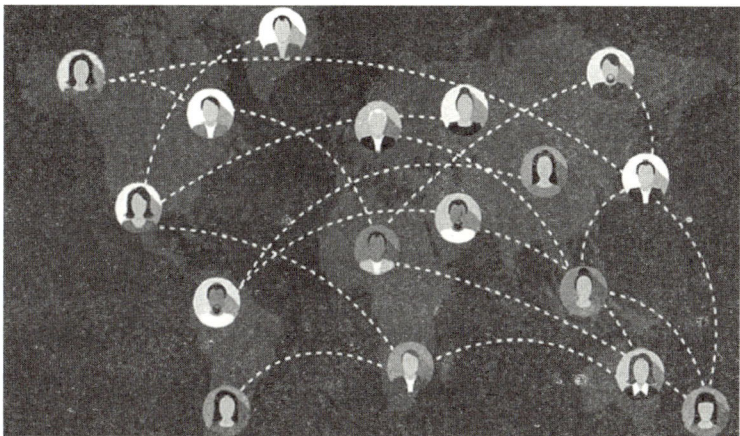

高技能人才全球流动加快

度上限制了人才的流动,导致了人才流动渠道狭窄。受"单位人"人事管理观念影响,人才在"产权"上,往往是归部门所有、单位所有,人才的众多社会属性和单位牢牢捆绑在一起,可谓一荣俱荣、一损俱损,"单位"成了人才安身立命的基础。同时过于僵化的档案管理、编制管理等滞后于时代发展的人事管理制度,则进一步强化了"单位人"对人才流动的禁锢。

"单位人"导致的人才评价体系割裂。突出表现为:人才标准部门化,缺少人才的专业化与社会化标准,如教师职称评聘,"课时"是重要标准,这样便排除了学校以外的人才;"申报"局限于部门(单位),使人才竞争范围缩小,而出现"武大郎开店"现象,排除了更优秀者,使人才标准和水平降低;局限于部门或单位,科班出身或专业背景,遏制了创新人才的成长,使人才单一化、同质化,缺乏交叉学科、跨专业人才和特殊人才的进入机制。

(二)推进人才由"单位人"管理向"社会人"管理体制转变

推进人才由"单位人"管理向"社会人"管理体制转变,是指通过改革,把长期束缚人才流动的"单位人"转变为"社会人",让人才释放新活力,实现由"人口红利"向"人才红利"升级,寻求新的社会人力资源平衡。

相关链接

"人口红利"与"人才红利"

所谓"人口红利",指的是在一个时期内生育率迅速下降,少儿与老年抚养负担均相对较轻,总人口中劳动适龄人口比重上升,从而在老年人口比例达到较高水平之前,形成一个劳动力资源相对比较丰富,对经济发展十分有利的黄金时期。"人才红利",是指由于人才的规模增长及其充分利用所产生的超过同样数量简单劳动力投入所获得的经济收益。

当前,我国"人口红利"行将消散,"人才红利"正在形成,如果我们不因势利导,及时调整转型,将错失发展良机。"人才红利"是历史提供给我们的第二次发展机遇。

打破人才"单位管理"的体制壁垒,优化人才的市场化管理。打破体制壁垒,扫除身份障碍,建立党政机关、国有企事业单位和社会组织人才之间的互通机制。消除人才流动的城乡、区域、部门、行业、身份、所有制等限制,敞开城乡之间,企业与行政事业单位之间,各行业之间的人才流通渠道,落实用人单位自主权、市场自主择人、自主择业。健全人才市场体系,加强人才要素市场建设,建立人才网络服务、中介服务和自律组织。完善公开平等、择优选人的导向机制,革除旧体制在选人上的弊端,为优秀人才的流动提供可靠的制度保障。优化人才成长环境,重点加强创新型人才、高层次人才、国外引进人才等优势人才培养、引进、使用、激励和退出等政策。通过淡化"单位""编制"等机制创新措施,打破人才"单位管理"的体制壁垒,实施人才登记注册制度,加强社会化的保障措施,以激活人才市场,实现对人才的市场化管理,以利于人才的"多点执业",促进人才价值的自我实现。

健全人才"资格(质)"评审机制,实现人才社会化评审。职称是衡量人才的标准,打破"出身论"对人才成长的桎梏,消除"单位"对人才评聘的障碍,实现人才的社会化评聘。不再把单位性质、工作岗位、学历、毕业院校等条件作为约束,而要重视专业能力、科研成果、技术专利等结果导向原则。不再根据计划安排的职数约束单位申报,而应自主申报。不再将人员身份区别申报、不再根据单位性质、人事档案不同而差别化申报,而是以专业类别自行申报。不唯出身,只以能力水平、科技专才、科研成果、发明创造、技术专利等要求和条件来申报。在进行人才评审时,应通过专门的人才服务机构和平台,面向各类人才公开资格评审条件,采取符合条件自愿申报的原则,确保评审的公开、公正、透明,进行第三方社会权威性评审颁发人才"资格(质)证",为"单位"人才真正成为"社会化"人才提供基本通行证。

完善人才的跨区域、跨单位选聘制度,实现人才的无障碍流动。人才流动的介质是人才资格证,人才流动的价值体现是竞争与价格机制。构建多方位、立体化的人才流动竞争机制,既存在横向左右流动、上下纵向流动,也存在基层倾斜流动。改变以往人才流动按部门单位性质、身份、户籍关系,论资排辈,站队选边,而代之以"资格(资质)",竞争择优、合理选聘。探索人才流动的价格机制,通过充分竞争形成人才价格与价值相适应,工资待遇、保障相一致,有利于人才发挥作用和成长的良性机制。健全人才流动的法律维护机制,包括知识产权、合同管理、服务年限、教育培养、服务配套、社会保障、进入退出机制等,通过对制度的完善,实现人才的无障碍流动。

四、创新人才激励机制

孙中山先生曾对激励问题作过一番论述。他在《上李鸿章书》中写道:"所谓人能尽其才者,在教养有道,鼓励有方,任使得法也。"实践证明,创造一个能够凝聚人才的环境,完善激励机制是一个重要环节。在完善专业技术人才激励机制时,应注重激励方式的人性化、个性化,克服大一统的传统激励思想。避免造成奖励可要可不要,激励不大不小的零效应甚至负效应。一是在整体设计上求大同。应加强专业技术人才的普遍性特征研究,针对他们重视自我追求和自我实现、重视社会和他人的尊重、依赖、赞誉等高层次精神需要等特点,建立能体现个人价值的奖励制度、突出知识和技术价值的工资福利分配制度。二是在个案实施上存小异。要深入了解专业技术人才特别是重要的核心骨干的个体需要,关心其生活需要、兴趣爱好、人格特点,运用物质奖励与精神奖励并举的奖励机制,提供"个性化待遇包",充分满足人才真正的个性化需要,有效调动专业技术人才积极性,而不是一味笼统地强调物质激励和精神激励相结合。通过充满人本化的关怀、体现个性化的特色补贴,激励专业技术人才发挥才干,为经济发展作出应有的贡献。

第五节　专业技术人员的合法权益保障

权益是维护专业技术人员依法应得的合法权利和利益的重要依据,是调动专业技术人员工作的积极性、促进专业技术发展和繁荣的重要条件,是解决专业技术领域纠纷和争议、维护公平竞争的重要措施。保障专业技术人员的合法权益,是有效激发专业技术人员内生动力的基础。

一、专业技术人员权益的概念

权益是指某种社会主体在一定时期,根据宪法和法律规定依法所享有的某种权利和利益的总称。根据马克思主义法学基础理论,权益具有以下特征:(1)权益具有较强的政治性。权益是一定社会上层建筑的重要组成部分。权益是国家在一定时期法律的重要内容,国家法律规定由谁享有,享有主体的享有范围和程度如何。(2)权益以法律的明确规定为重要根据。以明确规定为前提,是取得法律保护的重要依据。在当前和今后实行依法治国的进程中,社会主体,包括专业技术人员,享有哪些权利和利益,必须由国家的宪法和法律作出明确规定,这是权益能够实现和取得法律保护的重要依据。如果缺乏相关的法律规定,权益保护就没有国家强制力的保证。(3)权益的根本目的就是满足权益主体的某种物质和精神利益的需要。(4)权益授予权益主体一定范围的自由。权益的主体在国家规定的范围内,有权依法做出一定的行为,或不做某种行为。也就是通常所说的有权作为和不作为。(5)权益和义务密切相联系。法律上的权益和义务是相互依存,相互作用的辩证统一关系。它不仅表现为权益和义务的一致性,而且表现为权益与义务的履行,没有相对应的义务履行作保证,权益的主体依法所享有的权益是难以实现的。

专业技术人员的权益是指专业技术人员作为的社会人和国家公民所应享受的人身、政治、经济及文化方面的权益。专业技术人员的权益有广义和狭义之分。广义的权益包括专业技术人员作为社会人,享有作为生命个体所固有的人身和人格等基本人权;作为公民,享有宪法和法律规定的基本权利和义务;作为劳动者,享有的自由、平等择业等劳动权利。狭义的权益指专业技术人员作为特殊的职业群体,还拥有一定的、与履行其职责密切相关的职业权利。

二、专业技术人员的基本权益

专业技术人员作为国家公民享有与其他公民一样的基本公民权利。我国宪法、民法和其他法律及签署的国际公约所规定的基本权利包括:

(一)平等权

平等权是一切权利的基础。《宪法》第 33 条明确规定,凡具有中华人民共和国国籍的人都是中华人民共和国公民。中华人民共和国公民在法律面前一律平等。任何公民都享有宪法和法律规定的权利,同时都必须履行宪法和法律规定的义务。

(二)人身权

人身权是指与主体人身不可分离的权利,是一种原始的、绝对的权利。人身权的首要内容是人身自由权,即权利主体有在法律范围内自主支配自己行动的权利,他人不得妨碍。作为独立人格权的婚姻自主权以及知情权,都属于行动权。《宪法》第 37 条规定,公民的人身自由不受侵犯。禁止非法拘禁和以其他方法非法剥夺或者限制公民的人身自由,禁止非法搜查公民的身体。我国刑法专门规定了侵犯他人人身自由的犯罪,如非法拘禁罪、非法管制罪等。

(三)经济财产方面的权利

经济财产方面的权利是指公民依法享有占有、使用、支配社会物质财富方面的权利。这是公民生存和发展的物质基础。这种权利根据我国民法有关规定,包括所有权和他物权。所谓所有权是指所有人依法对物可以进行占有、使用、收益和处分的权利,是现代民法物权中最完整、最充分的权利。就法律角度看,所有权是一组权利,这些权利描述一个人对所有的资源可以做些什么,不可以做些什么。所有权有两个功能:一是确定财产在静态上的归属关系,使财产关系特定化和稳定化;二是确定和稳定财产在动态中的交换关系,使主体自由、平等地使用和支配自己的财产。而他物权是在所有权能与所有人发生分离的基础上由他物权对物享有一定直接支配的权利,主要包括租赁权、抵押权、质权、留置权等。

(四)政治方面的权力

这里是指公民有依法直接参加国家政治管理和当家作主方面的权利。这是体现国家的一切权利属于人民和人民当家作主地位的重要体现。包括公民的平等权、选举权和被选举权、出版自由、结社自由、诉愿权、宗教信仰自由、游行示威自由。

(五)教育权

教育是实现社会公平正义的重要保障。我国宪法明确指出,公民有受教育的权利和义务。公民的受教育权,指公民在教育领域享有的权利,是公民接受文化、科学等方面教育训练的权利。从广义上讲,受教育权包括每个人按照其能力平等地享受教育的权利,同时也包括要求提供教育机会的请求权。从狭义上讲,受教育权是公民享有的平等的教育权,教育权的基本内容包括以下几个方面:(1)按照能力受教育的权利。(2)享受教育机会的平等。(3)受教育权通过不同阶段和不同形式得到实现。对专业技术人员而言,教育权主要体现在继续教育权利的保障上,用人单位应依法履行保障员工享受继续教育权利的责任和义务。

（六）文化权利

文化权利是指公民参加文学艺术创作、科学研究和其他文化活动的自由。《世界人权宣言》指出,人人应有权自由参加社会的文化生活,享受艺术,并分享科学进步及其产生的福利。我国宪法将文化权利列为公民重要的自由权,并加以保障。

我国《宪法》规定,公民有进行科学研究、文学艺术创作和其他文化活动的自由。国家对于从事教育、科学、技术、文学、艺术和其他文化事业的公民有益于人民的创造性工作,给以鼓励和帮助。国家发展自然科学和社会科学事业,普及科学和技术知识,奖励科学研究成果和技术发明创造。国家发展为人民服务、为社会主义服务的文学艺术事业、新闻广播电视事业、出版发行事业、图书馆、博物馆、文化馆和其他文化事业,开展群众性的文化活动。国家发展体育事业,开展群众性的体育活动,增强人民体质。专业技术人员是我国科学、文化事业发展的关键力量,其文化权利保障至关重要。

除上述权利外,我国宪法规定的基本公民权利还包括劳动权、休息权、社会保障权、通信自由权、创业权、环境权等。以上这些都是专业技术人员的基本权益。专业技术人员的基本法定权利保障,是其整个权益保障的基础。

二、专业技术人员的劳动权益

劳动权也可称工作权,是具有劳动能力的公民获得工作机会并享有相应报酬和社会保障的权利,是我国宪法规定的重要基本权利,也是一项重要的基本人权。在我国,专业技术人员传统上主要集中于国有事业单位,是我国专业性公共服务的提供者。随着市场经济的发展,企业特别是非公经济组织的专业技术人员数量逐步增加。尽管国有事业单位专业技术人员在人力资源管理方面有一定的特殊性,但作为劳动者,他们与其他劳动者一样,享有基本的劳动权。

劳动权的具体内容包括以下方面:

(一)就业权

就业权包括平等就业权和自主择业权,是劳动权的首要内容和基本要求。平等就业,就是就业机会平等,公民在就业过程中,不应受到歧视和不公平对待。自主择业,就是公民有权根据自身偏好选择适合的工作,除法律规定外,不得受到不公正的限制。公民有权拒绝各种形式的强迫劳动。联合国《经济、社会及文化权利国际公约》确认缔约国有义务确保个人有自由选择或接受工作的权利,其中包括有权不被不合理地剥夺工作。国家应通过增加市场活力,完善就业公共服务,为公民提供充分的就业机会,并通过市场监管,消除就业歧视。

(二)获取报酬权

劳动报酬是劳动者通过自己的劳动和付出所应获得的物质利益,包括工资和其他合法劳动收入。我国劳动法规定,工资应当以货币形式按月支付给劳动者本人,不得克扣或者无故拖欠,不得低于当地最低工资标准。劳动者在法定休假日和婚丧假期间以及依法参加社会活动期间,用人单位应当依法支付工资。

(三)休息休假权

劳动者在工作过程中享有休息、休假和休养的权利。我国宪法和劳动法规定,国家发展劳动者休息和休养的设施,规定职工的工作时间和休假制度,实行劳动者每日工作时间不超过八小时、平均每周工作时间不超过四十四小时的工时制度。用人单位由于生产经营需要,经与工会和劳动者协商后可以延长工作时间,但应符合法律规定,并对劳动者给予经济补偿。

（四）劳动安全权

劳动者在工作过程中享有使自己的生命安全和身体健康免遭职业危害并得到有效保护的权利。劳动者有权要求获得符合劳动安全卫生标准的劳动条件；有权获取必要的劳动防护用品；有权获得劳动安全卫生知识教育；有权要求进行定期健康检查；有权拒绝执行用人单位及其管理人员的违章指挥、强令冒险作业要求；有权采取紧急避险行为，有权要求防止劳动过程中的事故，减少职业危害；有权对危害生命安全和身体健康的行为提出批评、检举和控告。

（五）职业培训权

劳动者有权要求国家、用人单位提供足够的条件和设施进行继续教育和培训，以提高自身工作技能和水平。随着科技进步和知识更新速度的加快，落实专业技术人员的继续教育权，对我国建设创新型国家、提高企业的国际竞争力极为重要。用人单位作为职业培训权的义务主体之一，应为包括专业技术人员在内的劳动者享受继续教育和职业培训权提供必要的时间、设施和经费等条件保障。

（六）社会保障权

社会保障权是劳动报酬权的进一步延伸和补充。劳动者在年老、患病、工伤、失业、生育和丧失劳动能力的情况下，有获得经济补偿和保障的权利。《世界人权宣言》提出，人人有权享受为维持他个人和家属的健康和福利所需的生活水准，包括食物、衣着、住房、医疗和必要的社会服务；在遭到失业、疾病、残疾、守寡、衰老或在其他不能控制的情况下丧失谋生能力时，有权享受保障。我国宪法规定，国家建立健全同经济发展水平相适应的社会保障制度，并实行企业、事业组织的职工和国家机关工作人员的退休制度，退休人员的生活受到国家和社会的保障。公民在年老、疾病或者丧失劳动能力的情况下，有从国家和社会获得物质帮助的权利。国家发展为公民享受这些权利所需要的社会保险、社会救济和医疗卫生事业。

《世界人权宣言》

《世界人权宣言》是联合国的基本法之一。1948年12月10日,联合国大会通过第217A (II)号决议并颁布《世界人权宣言》。作为第一个人权问题的国际文件,《世界人权宣言》为国际人权领域的实践奠定了基础,对后来世界人民争取、维护、改善和发展自己的人权产生了深远影响。

(七)公正管理权

劳动者在工作中享有被公正管理、公平对待的权利,包括不因出身、地位、性别等身份差别而在聘用合同、报酬、晋升、奖惩、培训、事业发展等方面受到不公正的待遇。联合国《经济、社会及文化权利国际公约》强调,人人在其行业中有适当的提升的同等机会,除资历和能力的考虑外,不受其他考虑的限制。公正管理权是就业平等和反就业歧视的重要内容,是保证劳动者个人价值和尊严受到尊重和承认的必然要求。

(八)劳动争议提请处理权

劳动争议提请处理权,是指劳动者在劳动过程中因权益问题与用人单位发生争议时,享有依法申请调解、仲裁和提起诉讼的权利。这是劳动者维护自己合法劳动权益的有效途径和保障措施,是实现其劳动权的保障。劳动争议是劳动者与用人单位基于人事和劳动关系,围绕劳动权利或利益所发生的争执。劳动争议提请处理权,具体包括以下内容:一是争议处理方式选择权,用人单位和劳动者发生劳动争议时,当事人可以依法依次申请调解、仲裁和提起诉讼,也可以协商解决;二是请求劳动争议处理机构依法受理争议的权利,要求劳动争议处理机构受理争议,是劳动者该项权利的实质和核心;三是控告权,即当劳动者的合法权益遭受侵害,劳动者行使请求争议处理权,而处理机构又不依法受理时,劳动者有权检举和控告。劳动争议提请处理权是专业技术人员接受权利救济的重要通道。

（九）集体劳动权

劳动权还可分为个体劳动权和集体劳动权。集体劳动权是劳动者通过集体协商而得以实现的劳动权利。其基本内容包括结社权（组织或参加工会的权利）、集体谈判权、罢工权等，国际劳动法学界称之为"劳动三权"，是个体劳动权利实现的重要手段，是协调平衡劳动关系的重要方式。

（十）参与管理权

劳动者在工作中有参与单位管理的权利。包括对单位重要规章制度、重大事项和日常管理的建议权、讨论权、知情权、参与权和一定形式的决策权。法律规定，劳动者有向国家和单位提出合理化建议的权利。《劳动法》第8条规定，劳动者依照法律规定，通过职工大会、职工代表大会或者其他形式，参与民主管理或者就保护劳动者合法权益与用人单位进行平等协商。

三、专业技术人员的职业权益

专业技术人员的职业权益是指从事专业技术工作所需要的经常性的、共同性的权利，是公民基本权利在专业技术领域的集中体现。专业技术人员的职业权利不应理解为专业技术人员专有的、排他性的权利，其他公民在相同条件下，具有与专业技术人员一样的权利。

专业技术人员的职业权益表现在专业技术工作的各个领域。除宪法和法律规定的基本权利和劳动权利外，主要包括专业技术的执业权、职业能力认证或评价权、知识产权、学术交流权等。

（一）执业权

执业权是指国家在关系社会公共利益、公共安全和直接关系人身健康、生命财产安全的关键和特殊职业领域所采取的行政许可限制，执业人必须具备一定的专业技术知识、能力和水平才能从事相关职业。同时，获得执业许可权的人员，执业权受到法律保护。

（二）能力认证或评价权

专业技术人员对自身拥有的专业技术能力和水平，有权提请或参与国家、单位和其他社会组织进行公正、科学的认证和评价，获得相应的学衔、称号或奖励。能力认证和评价权包括专业学位、任职资格、专业技术等级评定、荣誉称号、表彰奖励等多方面的权利，是对专业技术人员的能力、学识的肯定，是对专业技术人员专业地位和个人价值的尊重和认可，对专业技术人员具有重要激励作用。

国家有关法律、法规对专业技术人员的能力认证和评价权进行了专门规定。如《科学技术进步法》第 15 条规定，国家建立科学技术奖励制度，对在科学技术进步活动中作出重要贡献的组织和个人给予奖励。

（三）知识产权

专业技术人员拥有自身智力劳动所获得成果的精神和物质利益，并具有依法确认获得占有、使用、收益和处分的权利。我国《民法通则》规定知识产权包括著作权（版权）、专利权、发现权、商标权等，并规定公民对自己的发明或者其他科技成果，有权申请领取荣誉证书、报酬、奖金或者其他奖励。

2012 年世界知识产权日海报

（四）学术自由权

专业技术人员在专业技术工作中依法拥有参与专业技术交流、参加专业团体进行独立思考和判断，并发表专业见解、学术成果等权利。包括专业自主权、学术交流权、成果发布权、专业社团参加权、专业批评权和建议权等。

专业技术人员是我国人才队伍的主导力量,是我国科技、教育、卫生、文化等专业化公共服务的主要承担者,是科技创新、管理创新、文化创新的推动力量,是先进生产力的代表,是我国人才队伍建设的重点,切实保障专业技术人员权益,从市场经济发展的规律出发,尊重人才作为第一资源和最重要的生产要素所应享有的物质利益和其他权益,有利于调动专业技术人员的内生动力,激发专业技术人员创新创业的激情,促进我国科学技术和教育、文体、卫生事业的发展和繁荣,是落实以人为本的科学发展观、促进经济社会可持续发展的治本之策。

思考探讨

1. 什么是专业技术人员的主体地位?

2. 专业技术人员的成长规律有哪些?

3. 如何建立专业技术人员管理新机制?

第七章　专业技术人员内生动力与职业发展

第一节　专业技术人员职业生涯规划

在现代社会,一个人只有尽早做好职业生涯规划,认清自我,不断探索开发自身潜能的有效途径或方式,才能准确地把握人生方向,塑造成功的人生。实践证明,在职业生涯中能够取得成功的人,往往是有着清晰的职业规划的人。对于专业技术人员来讲,职业生涯规划的作用在于帮助我们树立明确的目标,运用科学的方法,通过切实可行的措施,发挥个人的专长,开发自己的潜能,保持内生动力的持久,最后获得事业的成功。

一、职业生涯规划基本内涵

职业生涯规划是一个人对其一生中所承担职务的预期和计划,这个计划包括一个人的学习与成长目标,及对一项职业和组织的生产性贡献和成就期望。职业生涯规划也可叫做职业生涯设计。主要包括做出个人职业的近期和远景规划、职业定位、阶段目标、路径设计、评估与行动方案等一系列计划与行动。职业生涯设计的目的绝不只是协助个人按照自己资历条件找一份工作,达到和实现个人目标,更重要的是帮助个人真正了解自己,为自己订下事业大计,筹划未来,拟订一生的方向,进一步详细估量内外环境的优势和限制,在"衡外情,量己力"的情形下设计出各自合理且可行的职业生涯发展方向。职业生涯规划既包括个人对自己进行的个体生涯规划,也包括组织对成员进行的职业规划管理体系。职业生涯规划不仅可以使个人在职业起步阶段成功就业,在职业发展阶段走出困惑,到达成功彼岸;对于组织来说,良好的职业生涯管理体系还可以充分发挥成员的潜能,给成员一个明确而具体的职业发展引导,从人力资本增值的角度达成组织价值最大化。

相关链接

职业生涯规划的期限

职业生涯规划的期限一般划分为短期规划、中期规划和长期规划。短期规划为 3 年以内的规划,主要是确定近期目标,规划近期完成的任务。中期目标一般为 3 至 5 年,在近期目标的基础上设计中期目标。长期目标其规划时间是 5 年至 10 年,主要设定长远目标。

二、职业规划的理论基础

理性决策理论——源于经济学的决策论在职业发展方面的应用,认为职业规划的目的在于培养和增进个体的决策能力或问题解决能力。

职业发展理论——是从发展的观点来探究职业选择的过程,研究个体职业行为、职业发展阶段和职业成熟的职业指导理论。

心理发展理论——用心理分析的方法研究职业选择过程,认为职业选择的目的在于满足个人需要、促进个体发展。心理发展理论主张职业指导应着重"自我功能"的增强,因为如果个人的心理问题获得解决,那么包括职业选择在内的生活问题就会顺利完成而不需另行指导。

人职匹配理论——认为每个人都有自己独特的能力模式和人格特质,而某种个性特质与某些特定的社会职业相关联。人人都有选择与其特质相适应的职业的机会,而人的特性是可以用客观手段加以测量的。职业指导就是要帮助个人寻找与其特性相一致的职业,以达到人与职业的合理匹配。人职匹配已成为职业选择的至理名言。

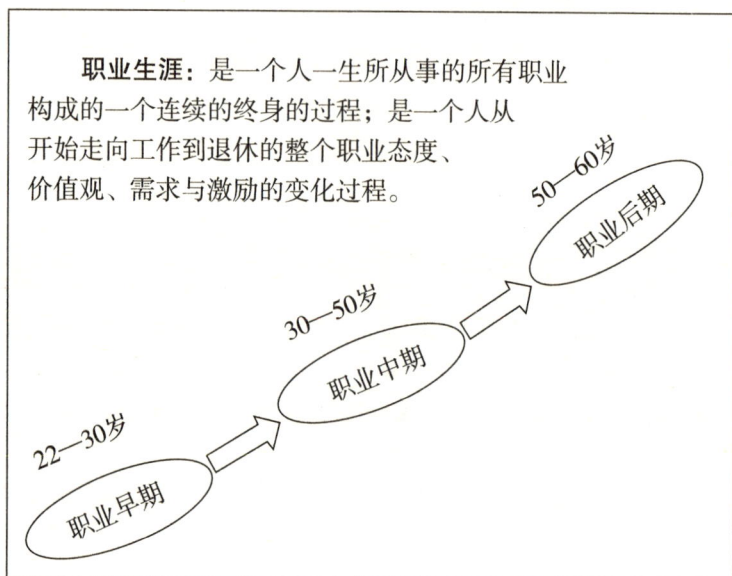

职业生涯:是一个人一生所从事的所有职业构成的一个连续的终身的过程;是一个人从开始走向工作到退休的整个职业态度、价值观、需求与激励的变化过程。

50—60岁
职业后期

30—50岁
职业中期

22—30岁
职业早期

职业生涯阶段划分

三、职业生涯规划对于专业技术人员的意义

在国外,人们从青少年时代就开始接受职业生涯教育,并有目的地规划设计自己的未来生涯。国外大学和跨国公司也开设职业生涯规划课程,为学生、员工提供职业生涯发展方面的咨询指导。而在我国,职业生涯教育尚属新鲜事物,只有为数不多的高校和部分咨询培训公司开展了系统的教育指导。很多人从来没有想过要做一份个人的职业生涯规划,甚至不知道职业生涯规划为何物。值得庆幸的是,对于今天的专业技术人员来讲,"职业生涯规划"已不再是一个陌生的外来词汇,它的意义也得到了应有的重视。

（一）有利于促成个人的自我实现

美国心理学家马斯洛提出了著名的"人生需求理论"，指出了人的需求是由低级向高级层次推进的。但这里要强调的是，较高级的人生需求，必须通过满足社会公众和他人的需求才能实现。而所有这些需求实际上都要通过职业生涯活动来实现。然而，有一份工作并不能保证我们实现所有的需求。高级人生需求能否实现很大程度上依赖于我们的职业生涯进展状况，很难想象一个抱着"和尚撞钟"心态浑浑噩噩度日的人能充分体会到高级需求，感受到人生成功的快乐。

一个人的职业生涯是生命、生活的重要组成部分，选择了一份职业，就是选择了一种社会角色，进而选择了一种生活方式。一个人在社会舞台上扮演的角色如何，过着什么样的生活，其实是可以由自己来把握的。专业技术人员应该是自己人生事业的规划者和耕耘者，规划自我发展蓝图，为实现自我价值创造机会，并扬长避短，最终迈向成功。或许没有职业生涯规划，个人也可能获得成功。但是，有了有效的职业生涯规划，我们会取得更快的成功，更大的成就，同时，职业生涯规划不仅使我们找到自己喜欢且适合的工作，更重要的是，它引导我们努力去追寻自己向往的生活方式，满足自己自我实现的愿望。

（二）有利于发掘自我

对于专业技术人员来讲，良好的职业生涯规划能够使我们充分发挥个人的专长，开发自己的潜能，克服职业生涯发展中的各种困难与险阻，避开人生陷阱，并最终取得事业的成功。

一份有效的职业生涯规划有助于专业技术人员认识自身的个性特质、现有和潜在的资源优势，帮助专业技术人员重新认识自身的价值并使其持续增值；可以促使专业技术人员将自身的综合优势与劣势进行对比，以便扬长避短；可以帮助专业技术人员树立明确的职业生涯发展目标与职业理想；能够引导专业技术人员对个人目标与现状间的距离进行评估;可以引导专业技术人员进行准确的职业定位,搜索或发现新的或有潜力的职业机会;使专业技术人员学会如何运用科学的方法、采取切实可行的步骤和措施,不断增强自己的职业竞争力,实现自己的职业目标与理想。

(三)有利于个人适应环境,缓解压力

当今社会是变革的时代,到处充满激烈的竞争。物竞天择,适者生存。变革带来的紧迫感要求专业技术人员必须不断学习提高以应对竞争的挑战,适应组织的发展要求和工作质量要求。而学习提高需要一个明确的努力方向并有所准备,否则,可能事倍功半,因此,职业生涯规划只能由专业技术人员自己来主导。

另外,知识经济的发展,使得组织越来越依赖于专业技术人员的主动性与创造性才干。在这种背景下,越来越多的组织将"职业生涯开发与管理"艺术引入人力资源管理工作流程,而帮助专业技术人员进行职业生涯规划就是其中一项核心内容。为了打好人才保卫战,充分用好人才,组织要求了解成员职业生涯发展的个人计划,并通过支持帮助成员逐步实现个人职业生涯规划来留住人才,提高组织效率。这时,如果专业技术人员不能有意识地主动地配合组织的人力资源规划,将错失良机,并可能被组织淘汰出局。

四、专业技术人员职业生涯规划的原则

协作进行原则。协作进行原则,即职业生涯规划的各项活动,都要由组织与专业技术人员双方共同制订、共同实施、共同参与完成。职业生涯规划本是好事,应当有利于组织与专业技术人员双方。但如果缺乏沟通,就可能造成双方的不理解、不配合以至造成风险,因此必须在职业生涯开发管理战略开始前和进行中,建立相互信任的上下级关系。建立互信关系的最有效方法就是始终共同参与、共同制订、共同实施职业生

涯规划。

利益整合原则。利益整合是指专业技术人员利益与组织利益的整合。这种整合不是牺牲专业技术人员的利益，而是处理好专业技术人员个人发展和组织发展的关系，寻找个人发展与组织发展的结合点。每个个体都是在一定的组织环境与社会环境中学习发展的，因此，个体必须认可组织的目标和价值观，并把自身的价值观、知识和努力集中于组织的需要和机会上。

公平、公开原则。在职业生涯规划方面，组织在提供有关职业发展的各种信息、教育培训机会、任职机会时，都应当公开其条件标准，保持高度的透明度。这是组织成员的人格受到尊重的体现，是维护专业技术人员整体积极性的保证。

动态目标原则。一般来说，组织是变动的，组织的职位是动态的，因此组织对于专业技术人员的职业生涯规划也应当是动态的。在"未来职位"的供给方面，组织除了要用自身的良好成长加以保证外，还要注重专业技术人员在成长中所能开拓和创造的岗位。

时间梯度原则。由于人生具有发展阶段和职业生涯周期发展的任务，职业生涯规划与管理的内容就必须分解为若干个阶段，并划分到不同的时间段内完成。每一时间阶段又有"起点"和"终点"，即"开始执行"和"完成目标"两个时间坐标。如果没有明确的时间规定，会使职业生涯规划陷于空谈和失败。

发展创新原则。发挥专业技术人员的"创造性"这一点，在确定职业生涯目标时就应得到体现。职业生涯规划和管理工作，并不是指制定一套规章程序，让专业技术人员循规蹈矩、按部就班地完成，而是要让专业技术人员发挥自己的能力和潜能，达到自我实现、创造组织效益的目的。还应当看到，一个人职业生涯的成功，不仅仅是职务上的提升，还包括工作内容的转换或增加、责任范围的扩大、创造性的增强等内在变化。

全程推动原则。在实施职业生涯规划的各个环节上，都要对专业技术人员的职业状态进行全过程的观察，设计、实施和调整其职业生涯规划，以保证职业生涯规划与管理活动的持续性，使其效果得到保证。

全面评价原则。为了对专业技术人员的职业生涯发展状况和组织的职业生涯规划与管理工作状况有正确的了解，要由组织、专业技术人员个人、上级管理者、家庭成员以及社会有关方面对专业技术人员职业生涯以及组织的职业生涯规划与管理工作进行全面的评价。

五、专业技术人员职业生涯规划的步骤

了解自己、有坚定的奋斗目标，并按照情况的变化及时调整自己的计划，才有可能实现成功的愿望。这就需要专业技术人员根据相应的步骤进行职业生涯的自我规划。

（一）自我评估

自我评估包括对自己的兴趣、特长、性格的了解，也包括对自己的学识、技能、智商、情商的测试，以及对自己思维方式、思维方法、道德水准的评价等等。自我评估的目的，是认识自己、了解自己，从而对自己所适合的职业和职业生涯目标做出合理的抉择。

（二）职业生涯机会的评估

职业生涯机会的评估，主要是评估周边各种环境因素对自己职业生涯发展的影响。专业技术人员在制定个人的职业生涯规划时，要充分了解所处环境的特点、掌握职业环境的发展变化情况、明确自己在这个环境中的地位以及环境对自己提出的要求和创造的条件等等。只有对环境因素充分了解和把握，才能做到在复杂的环境中避害趋利，使自己的职业生涯规划具有实际意义。环境因素评估主要包括：组织环境、政治环境、社会环境、经济环境。

（三）确定职业发展目标

俗话说："志不立，天下无可成之事。"立志是人生的起跑点，反映着一个

人的理想、胸怀、情趣和价值观。专业技术人员在准确地对自己和环境做出了评估之后，可以确定适合自己、有实现可能的职业发展目标。在确定职业发展的目标时要注意自己性格、兴趣、特长与选定职业的比配，更重要的是考察自己所处的内外环境与职业目标是否相适应，不能妄自菲薄，也不能好高骛远。合理、可行的职业生涯目标的确立决定了职业发展中的行为和结果，是制定职业生涯规划的关键。

（四）选择职业生涯发展路线

在职业目标确定后，向哪一路线发展，如是走技术路线，还是管理路线，是走技术＋管理即技术管理路线，还是先走技术路线、再走管理路线等，此时要做出选择。由于发展路线不同，对职业发展的要求也不同。因此，专业技术人员在职业生涯规划中，必须对发展路线做出抉择，以便及时调整自己的学习、工作以及各种行动措施，沿着预定的方向前进。

（五）制订职业生涯行动计划与措施

在确定了职业生涯的终极目标并选定职业发展的路线后，行动便成了关键的环节。这里所指的行动，是指落实目标的具体措施，主要包括工作、培训、教育、轮岗等方面的措施。对应自己行动计划，可将职业目标进行分解，即分解为短期目标、中期目标和长期目标，其中短期目标可分为日目标、周目标、月目标、年目标，中期目标一般为3至5年，长期目标为5至10年。分解后的目标有利于跟踪检查，同时可以根据环境变化制订和调整短期行动计划，并针对具体计划目标采取有效措施。职业生涯中的措施主要指为达成既定目标，在提高工作效率、学习知识、掌握技能、开发潜能等方面选用的方法。行动计划要对应相应的措施，要层层分解、具体落实，细致的计划与措施便于进行定时检查和及时调整。

（六）评估与回馈

影响职业生涯规划的因素很多，有的变化因素是可以预测的，而有的变化因素难以预测。在此状态下，要使职业生涯规划行之有效，就必须不断地对职业生涯规划执行情况进行评估。首先,要对年度目标的执行情况进行总结,确定哪些目标已按计划完成,哪些目标未完成。然后,对未完成目标进行分析,找出未完成原因及发展障碍,制订相应解决障碍的对策及方法。最后,依据评估结果对下年的计划进行修订与完善。

人生仿佛在一片陌生的海域航行,谁也无法预测下一分钟将会发生什么情况,现实社会中种种不确定因素的存在,会使我们与原来制订的职业生涯目标有所偏差,这就需要我们及时针对规划的目标和行动方案做出调整,从而保证我们的职业生涯顺利持续下去,并最终实现自己的最高人生理想。

第二节 专业技术人员职业能力发展

一、职业能力的内涵

职业能力是人们从事某种职业的多种能力的综合。职业能力主要包含三方面基本要素:一是为了胜任一种具体职业而必须要具备的能力,表现为任职资格;二是指在步入职场之后表现的职业素质;三是开始职业生涯之后具备的职业生涯管理能力。如果说职业兴趣或许能决定一个人的择业方向,以及在该方面所乐于付出努力的程度,那么职业能力则能说明一个人在既定的职业方面是否能够胜任,也能说明一个人在该职业中取得成功的可能性。

(一)职业能力的结构观

有学者认为,能力是进行特定活动不可或缺的个性心理特征的集合,结构观视角是从职业能力的内涵结构和能力层次来阐释职业能力的组成要素,职业能力的层次结构分为纵向和横向两部分,纵向层次包括基础职业能力和关键能力;横向层次包括社会能力、方法能力和专业能力。职业能力的结构观认为心理运算应该与外显行为、知识应该与实际操作行为联系起来,然而却没能阐明联系和实际进行操作的过程,没能对职业能力自身进行准确的解读。职业能力的结构观没有关注职业能力发展过程和真实工作情境,仅仅对职业能力进行了描述,但这种描述不能展现职业能力的关键。

相关链接

心理运算

心理运算由瑞士心理学家皮亚杰提出。皮亚杰认为,逻辑思维是智慧的最高表现,因而从逻辑学中引进"运算"的概念,作为划分智慧发展阶段的依据。"心理运算"是指能在心理上进行的、内化了的动作。

（二）职业能力的本质观

职业能力本质观关注职业能力是什么的问题。职业能力是各种心理成分的集合,包括分析能力、判断能力及在真实工作情景中的理解能力。心理成分组成职业能力的核心成分,心理要素在不同职业能力中的比例不一样,职业能力的培养目标是把各种不同的心理要素互相紧密结合,让具体工作要素与实际专业知识互相联系。这些联系的具体内容一般是随着时间和空间的变化而发生着变化,然而这些联系是职业能力的焦点和关键,可以认为职业能力形成过程等同于把专业知识与工作任务要素之间联系起来。由此可以知道,职业能力的养成既离不开具体的联系内容,还必须经常在知识和工作中创立联系。

（三）关键职业能力

联合国教育、科学及文化组织对关键职业能力的定义是:个体获取特定领域工作需要的内容广泛的专业知识和基础职业能力,具有这种能力,选择职业时能突破限制,从一个领域转向另一个领域。各类能力都有各自不同的功能,然而其中仅有部分职业能力是关键的。关键能力不属于具体专业能力,而归类于社会能力、个人能力和方法能力的高级成长阶段。关键能力超越了专业职业能力和知识范畴,对从业者未来发展起关键作用,是从业者综合职业能力的重要部分。如果个体能具有关键能力并且把关键能力内化为个体自己的基本素质,就非常有可能在变化的环境(职业发展变化或劳动组织形成)中再次获得职业能力和专业知识,从而能让自我的发展具有连续性。

二、职业能力的发展阶段和职业成长

（一）职业能力发展的阶段理论和职业成长的逻辑发展规律

职业能力发展阶段理论认为人的职业能力的成长分为初学者、高级初学者、有能力者、熟练者和实践专家等五个阶段。我国有学者认为,一个人经历"从初学者到专家"的职业拓展过程中,知识、学习内容、技能、创新力、经验以及工作内容都在发生变化,总体趋势是从低技能、低能力、低创新向高技能、高能力、高创新方向发展;从简单的操作向指导、管理、规划方向发展;对综合素质的要求日益复杂化、抽象化,不再停留在表面,而向深层次的水平转化。

因此,在针对专业技术人员开展课程开发和教学设计的时候,应根据职业成长的逻辑规律来设计和规划课程安排的序列。专业技术人员的个人职业成长既包括专业知识的掌握和积累,还包括从开始能胜任初级工作任务到后来能胜任复杂工作任务的个体职业能力成长过程,这种特殊的能力发展过程就是从初学者到实践专家的职业能力成长过程,不同的知识形态对应着不同的成长阶段。因此,应该采取科学可行的方法和有用载体,把专业技术人员从低级发展阶段科学地引入到高级复杂的发展阶段,使专业技术人员尽快达到实践专家的阶段。

（二）实践专家的特征

1. 不同领域的实践专家在本领域都具备相当丰富的特别性知识

这种实践专家掌握的知识有鲜明的领域独特性。对比新手,实践专家往往可以充分地利用和运用注意资源进行问题表征和开展策略性思考,也就是说能更好地进行深刻思考和实践。由此,相比新手,实践专家的比较优势在于快速和精准地触及问题的关键,能更好地面对和迅速融入不一样的工作情景和工作现场。专家在解决问题中必然要使用自己总结的策略,而新手一般情况下不懂得如何使用策略。

2. 实践专家的行为特征

从心理学角度来看,在解决问题的时候,实践专家的心智过程更多表现为较高的自动化。实践专家一般具备较高的自动化处理能力,这种能力使实践专家行为技能的比重远远超出新手。从心理学角度来看,实践方面的专家经常能自动选取线索来源的知觉通道,科学选取、调配、整合资源,为构建可能的假设准备较多的背景知识,自动提供信息更新和假设形成的工作平台。一般情况下,在完成线索搜集后,实践专家通常能通过线索的整合来建构问题空间,建立对具体问题的理解和表征,并解决问题。

3. 实践专家的动作特征

随着实际工作任务的复杂化和精细化,越来越多的实际操作职业能力要求工作者要快速和准确应对,这是要求较高的双重能力标准。但是,从事简单工作的一线操作人员经常会面临问题,当他们注重速度的时候会导致工作质量的下降,反之亦然。相比较而言,具有丰富的实践工作经验的实践专家一般可以根据具体的情境和实际需求来科学安排工作,同时能进行利弊的权衡和把握。这种高度熟练的实际操作职业能力,离不开长期练习和不断反馈,由于实际操作职业能力中还包含许多认知因素,实践专家能把心智思维能力与身体运动能力结合起来。

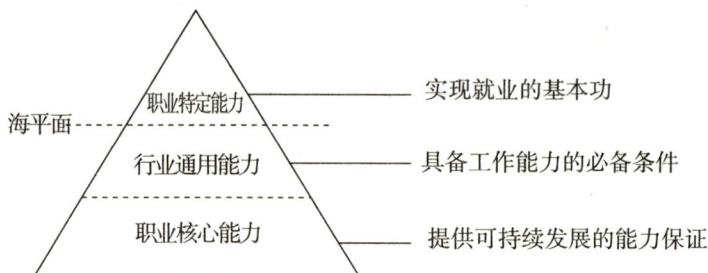

职业能力的三个层次

三、不同视野下的职业能力和职业成长

(一)知识观视角

知识是个体职业能力发展的基础条件,实践专家的重要特征是在本领域有丰富的特殊性知识且知识结构良好。一般来说,工具的活动是按照技术规则来进行的,同时技术规则又是以经验知识作为基础的。因此可知,实践专家的优势在于比新手有更多的大量结构化知识。职业能力的养成和提高离不开大量有关个体成长知识和相关知识的优化,这是个体职业能力稳定发展的重要保障。实践专家的知识结构中同时包含显性知识和隐性知识,隐性知识分别有基于言语、身体、元认知和社会文化的。实践专家与新手最明显的不同是实践专家具备基于身体和元认知的隐性知识。具备基于身体的隐性知识使实践专家表现出较高的操作职业能力,具备基于元认知的隐性知识使实践专家具有解决问题并且能进行认知加工的能力。个体职业能力发展的核心要素是真正对隐性知识的熟悉和融通,这对于新手成长为实践专家是必不可少的。实践专家不仅有熟练的实际操作能力,更重要的是实践专家能独立解决面临的问题,这种高级职业能力离不开隐性知识的积累。

对于专业技术人员来讲,应该通过强化实践技能促使自己真正掌握隐性知识。专业技术人员职业能力培养过程要向本专业最新的技术领域开放、要面向企业行业和劳动力市场开放,还要面向认知科学领域开放。只有经过持续不断的实践锻炼,专业技术人员才能将内在的知识转化为职业能力,并成长为高水平的实践专家。

(二)训练观视角

个体职业能力发展和养成最直接最有效的因素是训练,个体要成长为实践专家,离不开长期不断的训练,这就要求个体对自己的专业领域进行长期不断的钻研。新手要成长为特定领域的专家,离不开实践活动,这种实践活动主要体现在专业训练上。训练阶段是个体进行经验积累和掌握规律的关键,是从专业知识学习向专家职业能力发展的重要过渡。新手要发展成长为实践专家需要具有丰富的专业经验,但仅仅具有专业知识远远不够。新手要成长为实践专家必需进行特定的专业训练,特定的专业训练不仅能使专业知识转化为职业能力,而且是个体持续进步的核心要素。因为特定的专业训练可以使个体得到非常直接的经验,其他方面的学习途径获得的是间接经验。不同于常规职业能力获得,通过专门训练,专家职业能力可以持续提高。特定的专业训练一般包含各种训练部分和单元,不同训练单元和项目针对性各不相同,要实现较好的效果离不开训练单元和项目合理有效的组合。专门训练数量和质量是确保个体职业能力水平提高的基本条件,专门训练的复杂性使得个体能摆脱简单的经验积累,实现可持续的发展。

(三)生涯观视角

职业能力发展成长离不开长期的积累,职业能力水平的提升既离不开个体付出,又离不开职业生涯发展路径的科学选择,个体的职业生涯方向的选择能深刻影响个体职业能力养成的连续性。个体的职业兴趣、职业价值观间接地影响着职业能力的发展和养成方向。从新手到实践专家的职业能力发展历程往往表现出各不相同、各有特色、不可复制的特点,这是由于专业领域不尽相同,并且每个人的职业生涯都有不同的发展路径。在职业能力养成中,职业兴趣是个体行为的重要动力来源,兴趣和爱好也是个体在工作中持续获得学习资源并进行专业训练的关键因素之一。职业兴趣在一定程度上决定了个体选择的职业类型和个体职业生涯发展路径,影响了个体职业能力的发展起点和发展方向。职业的价值观往往决定着个体职业发展中的追求,也就是说个体获取职业能力的终极目的。相比个体的职业兴趣,个体职业价值观的塑成往往需要更多的时间,也是较高程度的内在要求,个体职业价值观在塑成以后不容易改变。当职业价值观与实际工作相符的时候,个体在工作中可以获得更多的成就感,这样就为专家职业能力的发展提供了空间和平台。

(四)反思实践观

反思实践是实践专家职业能力发展过程中不可缺少的核心环节。作为从思想到行动或从行动到思想的循环往复过程,反思实践从认知加工的角度来进行分析,反思与解决问题的策略相联,离不开元认知的过程。专家借助具体行动之前的反思行为来解决问题,但理论学习不能提供这种能力。专业技术人员从新手成长为实践专家,不需要固定的反思实践模型,而是要发现影响自身有效反思实践的因素,促进专业技术人员进行反思实践。职场伙伴的互相学习是专家职业能力养成的重要途径,通过同伴之间的互相学习,可以直接获得更多全新的知识经验并促使专业技术人员在实践中开展更多的反思。同伴可提供新的思考视角,可能使专业技术人员拥有更大范围的思维空间,实现思路拓展。专业技术人员进行反思实践的过程中经常会遇到困难问题并难以抉择,这时善于进行反思的专业技术人员往往可以把难题进行内化,实现自身的专业实践能力提升。

第三节　专业技术人员内生动力与职业水平提高

随着科技的快速发展及经济国际化程度的不断提高,各类专业技术人员在经济社会发展中的作用愈发突出。在全球经济增长乏力、新一轮科技革命悄然酝酿的大背景下,专业技术人员必须以提高专业水平和创新能力为核心的职业水平,提高自身专业素质,这关系到科技创新工程的顺利实施,也关系到经济转型升级的成效。

针对当前社会对专业技术人员职业水平要求的提高,亟需改进优化专业技术人员教育模式和内容,进一步完善专业技术人员教育培训体系,改良专业技术人员培养的土壤。为此,要紧密联系专业技术人员的工作实际,从行业发展特点、岗位要求和专业技术人员的职业水平出发,统筹安排,分类实施,突出重点,协调推进,不断提高专业技术人员职业教育的质量和效益。

一、以能力建设为重点,着力提高专业技术人员的业务素质

把专业技术人员能力建设作为重点,分门类分层次开展以新理论、新技术、新知识、新方法为主要内容的教育培训。对高级职称专业技术人员,重点安排行业最新科技理论和国内外的科技现状与发展趋势的学习;对中级职称专业技术人员,重点安排与本职工作有关的新理论、新技术、新方法的学习,使之了解相关专业的发展动态;至于初级职称专业技术人员,要在了解专业理论知识的基础上,重点掌握实际技能和专业技术工作方法。

二、以思想品德建设为主线,着力提高专业技术人员的综合素质

必须把邓小平理论、"三个代表"重要思想、科学发展观、习近平新时代中国特色社会主义思想以及职业道德、行为规范等内容列入继续教育

范畴,建设操行高尚、素质优良的专业技术人才队伍。

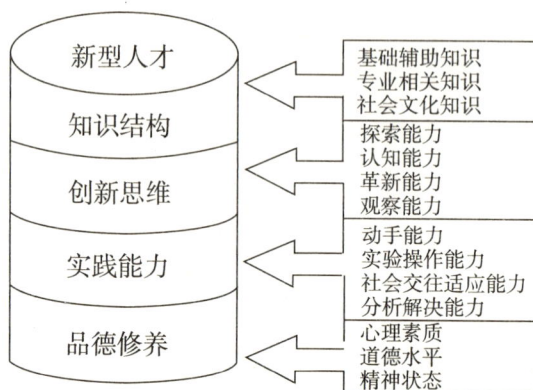

新型人才素质结构图

三、以加快发展为目的,着力提高专业技术人员的实践能力和创新能力

通过举办研修班、组织外出考察等多种途径,给专业技术人员提供更多开阔眼界、学习提升的机会。培训内容要将专业性、实用性和先进性结合,既有前沿理论探索,又有实践经验介绍,既有可资借鉴的国外的成功范例,也有可供学习的国内的先进典型,让专业技术人员带着问题去学,在学习中吸收、消化、思考,破解日常工作中出现的热点难点问题,有效提高专业技术人员的综合素质和业务能力。要积极主动地搭建创新创业发展平台,采取专家帮带辅导、科研项目培训等形式,充分利用已建成的科技创业园、博士后科研工作站、博士后技术创新中心等科技载体,大力组织实施专业技术人员知识更新工程,形成一个广覆盖、多层次、开放式的专业技术人才教育培训体系。

相关链接

博士后科研工作站

博士后科研工作站(以下简称工作站)是指在企业、科研生产型事业单位和特殊的区域性机构内,经批准可以招收和培养博士后研究人员的组织,为我国的高技术人才与企业搭起了桥梁,是产、学、研相结合的新路子。

专业技术人员作为先进社会生产力的重要代表,要具备学习和发展意识,主动培养内生动力,提高学习和发展的积极性,不断进行知识和技能的更新,通过参加教育培训保持知识结构的与时俱进,保证自身的知识结构能跟得上时代的发展。专业技术人员只有持续激发学习和发展的内生动力,相关职业教育才能取得最好的效果,专业技术人员的职业水平才能不断提升。

思考探讨

1. 职业生涯规划对于专业技术人员有哪些重要意义?

2. 专业技术人员职业生涯规划的原则是什么?

3. 专业技术人员职业能力发展有哪些阶段?

参考文献

1.王小丹:《职场内驱力:做职场强者的17条法则》,人民邮电出版社2014年1月第1版。

2.(美)乔·鲁比诺:《成功内驱力:发挥个人影响力最大化的30原则》,经济日报出版社2004年10月第1版。

3.(美)特蕾莎·M.阿马比尔、史蒂文·J.克雷默:《激发内驱力:以小小成功点燃工作激情与创造力》,电子工业出版社2016年10月第1版。

4.章凯:《目标动力学:动机与人格的自组织原理》,社会科学文献出版社2014年5月第1版。

5.(美)凯普·蓓蕾:《自驱力:工作态度决定一切》,中国工人出版社2004年8月第1版。

6.李建钟:《超越功利:人才激励导论》,中国人事出版社2010年11月第1版。

7.王林发:《学习动机的激发与培养》,教育科学出版社2013年3月第1版。

8.刘力嘉:《自驱力:唤醒员工心中的巨人》,经济管理出版社2006年6月第1版。

9.(美)丹尼尔·平克:《驱动力》,中国人民大学出版社2012年4月第1版。

10.(美)巴里·施瓦茨:《你为什么而工作:价值型员工进阶指南》,中信出版社2016年9月第1版。

11.(美)博恩·崔西:《激励》,机械工业出版社2014年10月第1版。

12.董智轩:《激励,惊人的力量》,中国商业出版社2015年7月第1版。

13.(美)迪安·R.斯皮策:《完美激励:组织生机勃勃之道》,东方出版社2008年4月第1版。

14.李常仓,赵实:《人才盘点:创建人才驱动型组织》,机械工业出版社2012年10月第1版。

15.刘家珉,陈家田:《人才流失的机制、预警及对策》,天津大学出版社2013年12月第1版。

后 记

改革开放近 40 年来，我国经济高速发展，物质条件极大丰富，价值取向与思想观念越来越多元化，一些专业技术人员在思想、工作、生活上受到各种各样的冲击，丧失了职业发展的主动意识，不思进取，得过且过，工作不用心，在岗不卖力，工作质量不高，没有协作意识，团队精神弱化。这些现象都是内生动力不足的表现。一方面，这是因为当前我国正处于社会转型期，各种竞争机制和约束机制尚不健全，影响了专业技术人员积极性和主观能动性的发挥；另一方面，这里面也有专业技术人员自身的原因。我们每个人在工作和生活中，都会遇到一些困难、挫折，这需要我们调动坚强的意志品质、积极主动的工作态度和勇于战胜困难的奋斗精神，充分发挥内生动力对于自己的推动作用。

鉴于专业技术人才队伍发展的需要，结合专业技术人员职业发展中面临的实际问题以及影响专业技术人员内生动力的体制机制，本书详细阐述了增强专业技术人员内生动力的途径，以期帮助专业技术人员提升内生动力，提高职业水平，获得事业的成功。

编写本书的过程也是一个学习的过程，期间我参考了大量的文献资料，而且得到了业内专家、学者和同人的热情帮助，在此表示诚挚的感谢！

书中不足之处，敬请专家学者和广大读者给予批评、指正。

编 者